Das unzertrennliche Duo: Digitale Signalverarbeitung und Künstliche Intelligenz

Ulrich Karrenberg

Das unzertrennliche Duo: Digitale Signalverarbeitung und Künstliche Intelligenz

Wie Künstliche Intelligenz und Digitale Signalverarbeitung moderne intelligente Systeme antreiben

Springer Vieweg

Ulrich Karrenberg
Düsseldorf, Deutschland

ISBN 978-3-662-72295-4 ISBN 978-3-662-72296-1 (eBook)
https://doi.org/10.1007/978-3-662-72296-1

Die Deutsche Nationalbibliothek verzeichnet diese Publikation in der Deutschen Nationalbibliografie; detaillierte bibliografische Daten sind im Internet über https://portal.dnb.de abrufbar.

Springer Vieweg ist ein Imprint der eingetragenen Gesellschaft Springer-Verlag GmbH, DE und ist ein Teil von Springer Nature.
Die Anschrift der Gesellschaft ist: Heidelberger Platz 3, 14197 Berlin, Germany

Vorwort

In einer Ära, die oft als das Zeitalter der digitalen Transformation bezeichnet wird, prägen zwei mächtige Kräfte unsere technologische Landschaft wie keine anderen: die Künstliche Intelligenz (KI) und die Digitale Signalverarbeitung DSV (international DSP *Digital Signal Processing*). Sie sind die stillen Architekten hinter den Kulissen vieler Systeme, die wir heute als selbstverständlich betrachten – von der kristallklaren Sprachqualität unserer Telefonate über die lebensechten Bilder und Videos, die wir teilen, bis hin zu den autonomen Funktionen, die in modernen Fahrzeugen unser Leben sicherer machen. Die schiere Komplexität und Leistungsfähigkeit dieser intelligenten Anwendungen ist beeindruckend, doch ihre tiefere, symbiotische Beziehung bleibt oft im Verborgenen. Dieses Buch widmet sich der Aufgabe, genau diese untrennbare Verbindung zu beleuchten. Wir werden zeigen, dass KI und DSP keine voneinander unabhängigen Disziplinen sind, sondern vielmehr Partner in einem komplexen Tanz der Innovation, bei dem jeder Schritt des einen den anderen bedingt und verstärkt. Unser Ziel ist es, diese faszinierende Interdependenz aufzuschlüsseln und ihre entscheidende Bedeutung für die Zukunft intelligenter Systeme zu untermauern.

Die Thematik ist anspruchsvoll, gerade in Bezug auf den theoretischen Hintergrund. Aus diesem Grunde wurde im Hinblick auf den avisierten Adressatenkreis – Dozenten, Studenten, Lehrer, Techniker, politisch oder industriell Verantwortliche, Neugierige, aber besonders auch Schüler ab 10. Klasse – ein neuartiges Konzept gewählt:

- Alle Themen werden zusammenhängend in einer anschaulichen Sprache vorgestellt und eingeführt.
- Komplexe systemtheoretische Theorien, Definitionen und Zusammenhänge werden weitgehend vermieden, stattdessen didaktisch inspirierte Vergleiche und Muster bevorzugt.
- Zu allen Themenbereichen werden jeweils mehrere sorgfältig ausgewählte und zielgenau bewertete Literaturquellen beigefügt.

- Diese Vorgehensweise soll insgesamt Überforderung vermeiden, indem der Studierende seine Vorgehensweise selbst bestimmen kann.
- Sind die Grundbegriffe erst verinnerlicht, wird der formale Aufbau leichter fallen.

So erscheint es möglich, in jeweils individueller „Tiefe“ ein *Studium Generale* zu beginnen, welches redaktionell nicht eingeengt ist. Vielmehr erstreckt sich das Angebot auf eine richtungsweisende Vielfalt hervorragender Quellen und animiert sogar dazu, das Internet konsequent zu nutzen, um aus dessen unendlicher Vielfalt zielgenau die optimalen Hilfen zu gewinnen.

Inhaltlich findet „Tiefgang“ statt: Es wird versucht, alle derzeit erkennbar wichtigen Begriffe und Strukturelemente der DSV und KI in anschaulicher Sprache sowie mittels einfacher Erklärungsmodelle zusammenhängend zu erklären. Die jedem Abschnitt beigestellten bewerteten Literaturhinweise laden zu weiterem Tiefgang ein.

Die Ansprache des Lesers ist aufgrund des großen Adressatenkreises bewusst persönlich gewählt.

Besonders empfohlen für das Studium der *Digitalen Signalverarbeitung DSV* sei das multimediale und interaktive Lernsystem *Signale, Prozesse, Systeme* des Autors, welches kostenlos unter https://www.asat.de/index.php/login downloadbar ist. Als gedrucktes Buch ist es inzwischen in der 7. Auflage bei Springer erschienen ist (Deutscher Bildungsmedienpreis 2003). Englische und chinesische Editionen sind vorhanden.

im Juli 2025 Ulrich Karrenberg

Competing Interests Der/die Autor*in hat keine für den Inhalt dieses Manuskripts relevanten Interessenkonflikte.

Inhaltsverzeichnis

Einführung: Grundlagen und Definitionen 1

1.1 Die Revolution der intelligenten Systeme: Eine Einführung

Stell dir vor, du sprichst mit deinem Smartphone, das deine Befehle versteht. Dein Auto bremst automatisch, wenn plötzlich ein Hindernis auftaucht. Oder eine Software erkennt Krankheiten auf einem Röntgenbild besser als mancher Arzt. All das sind Beispiele für *intelligente Systeme*, die unseren Alltag revolutionieren. Wir leben in einer Zeit, in der Technologie nicht mehr nur einfache Aufgaben automatisiert, sondern beginnt, zu „denken" und zu „lernen". Diese Revolution wird maßgeblich von zwei spannenden Feldern angetrieben: der Künstlichen Intelligenz (KI) und der Digitalen Signalverarbeitung (DSV). Oft werden diese beiden Begriffe in einem Atemzug genannt, doch was steckt wirklich dahinter, und warum sind sie so eng miteinander verbunden? Wir werden uns in diesem Dokument genau das anschauen und entdecken, wie diese scheinbar unterschiedlichen Bereiche zusammenarbeiten, um die beeindruckenden Technologien von heute und morgen zu ermöglichen.

Literaturhinweise zu 1.1 Die Revolution der intelligenten Systeme

- **Schwab, K. (2017). *The Fourth Industrial Revolution*. Crown Business.** Dieses Buch bietet einen umfassenden Überblick über die vierte industrielle Revolution, in der *intelligente Systeme* und Technologien wie KI eine zentrale Rolle spielen. Es hilft zu verstehen, wie diese Revolution unseren Alltag und die globale Wirtschaft grundlegend verändern wird.
- **Brynjolfsson, E., & McAfee, A. (2014). *The Second Machine Age: Work, Progress, and Prosperity in a Time of Brilliant Technologies*. W. W. Norton &**

U. Karrenberg, *Das unzertrennliche Duo: Digitale Signalverarbeitung und Künstliche Intelligenz*, https://doi.org/10.1007/978-3-662-72296-1_1

Company. Dieses Werk diskutiert, wie digitale Technologien und insbesondere *Künstliche Intelligenz* den Fortschritt vorantreiben und unsere Gesellschaft umgestalten. Es bietet eine gute Einführung in die breiteren Auswirkungen intelligenter Systeme.
- **Ford, M. (2018).** ***Architects of Intelligence: The truth about AI from the people building it.*** **Packt Publishing.** Dieses Buch enthält Interviews mit führenden KI-Forschern und -Pionieren, die ihre Visionen und Einschätzungen zur Revolution der intelligenten Systeme teilen. Es gibt einen direkten Einblick, wie die Entwicklung der KI vorangetrieben wird.

1.2 Was ist Digitale Signalverarbeitung (DSV)?

Um die Verbindung zur KI zu verstehen, müssen wir uns zuerst klar machen, was Digitale Signalverarbeitung (DSV) eigentlich ist. Stell dir vor, du sprichst in ein Mikrofon. Deine Stimme ist eine Welle in der Luft, eine analoge Größe. Damit ein Computer diese Welle verstehen kann, muss sie in Zahlen umgewandelt werden – digitalisiert werden.

Die DSV ist die Kunst und Wissenschaft, diese digitalen Zahlen, die ein Signal darstellen, zu bearbeiten.

1.2.1 Definition und Kernziele

Die Digitale Signalverarbeitung befasst sich also mit der Verarbeitung von Informationen, die in digitaler Form als Zahlenreihen vorliegen. Das Hauptziel ist es, diese Signale zu verbessern, zu analysieren, zu filtern oder zu komprimieren. Stell dir vor, du nimmst ein Video mit deinem Handy auf. Wenn das Video verwackelt ist, kann eine DSV-Software das Video stabilisieren. Oder wenn das Audio deines Videos rauscht, kann die DSV das Rauschen entfernen. Ein weiteres Ziel ist die *Komprimierung*: Dein Handy speichert das Video nicht als riesige, unkomprimierte Datei, sondern die DSV wandelt es in ein kleineres Format um, wie MP4, damit es weniger Speicherplatz belegt und leichter geteilt werden kann. Die DSV ist also der „Handwerker" hinter den digitalen Informationen, der sie so bearbeitet, dass sie für uns nutzbar und effizient sind.

Literaturhinweise zu 1.2.1 Definition und Kernziele

- **Oppenheim, A. V., & Schafer, R. W. (1999).** ***Discrete-Time Signal Processing*** **(2nd ed.). Prentice Hall.** Dieses Lehrbuch ist ein Standardwerk der Digitalen Signalverarbeitung. Es definiert die DSV umfassend und legt ihre Kernziele wie Filterung, Analyse und Transformation von diskreten Signalen detailliert dar, was für das grundlegende Verständnis unerlässlich ist.
- **Proakis, J. G., & Manolakis, D. G. (2007).** ***Digital Signal Processing: Principles, Algorithms and Applications*** **(4th ed.). Pearson Prentice Hall.** Dieses Buch bietet eine weitere maßgebliche Einführung in die DSV, ihre *Prinzipien und Anwendungen.* Es verdeutlicht die *Kernziele* der Signalverarbeitung, wie die Verbesserung der Signalqualität und die effiziente Darstellung von Informationen.
- **Hayes, M. H. (1999).** ***Statistical Digital Signal Processing and Modeling*****. John Wiley & Sons.** Dieses Werk ergänzt die Grundlagen der DSV um statistische Methoden. Es vertieft das Verständnis der *Kernziele* der DSV, insbesondere im Hinblick auf die Modellierung und Analyse von Signalen in verrauschten Umgebungen, was für viele praktische Anwendungen relevant ist.

1.2.2 Kurze historische Entwicklung und Meilensteine

Die Geschichte der DSV ist eng mit der Entwicklung des Computers und der Digitaltechnik verbunden. In den *1940er und 1950er Jahren* wurden die ersten Grundlagen gelegt, als Ingenieure und Mathematiker begannen, analoge Signale in digitale umzuwandeln, um sie mit Computern verarbeiten zu können. Stell dir die frühen Radaranlagen im Zweiten Weltkrieg vor: Hier wurden Signale gesammelt und analysiert, um feindliche Flugzeuge zu erkennen. Die ersten Schritte waren hier noch sehr grundlegend.

Ein wichtiger Meilenstein war die Entwicklung des *Fast Fourier Transformation (FFT)-Algorithmus in den 1960er Jahren.* Stell dir vor, ein Klang besteht aus vielen verschiedenen Tönen gleichzeitig. Die FFT ist wie ein magisches Werkzeug, das einen komplexen Klang in seine einzelnen Töne zerlegen kann und dir sagt, welche Frequenzen mit welcher Stärke vorhanden sind. Das war ein riesiger Schritt, weil es die Analyse von Signalen im Frequenzbereich (also welche Töne oder Schwingungen in einem Signal stecken) enorm beschleunigt hat. Das war wichtig für die Entwicklung von Mobiltelefonen, MP3-Playern oder auch für medizinische Geräte, die Herz- oder Gehirnströme analysieren.

In den 1980er und 1990er Jahren wurde die DSV immer leistungsfähiger und fand Einzug in unseren Alltag. Denk an die ersten CD-Player, die digitale Audiosignale abspielten, oder an digitale Kameras, die Bilder als Pixel speicherten. Die Entwicklung spezieller *DSP-Chips (Digital Signal Processors),* die extrem schnell Signalberechnungen durchführen konnten, war ein weiterer Meilenstein. Diese kleinen Chips stecken heute in fast jedem elektronischen Gerät, das mit Signalen zu tun hat – in deinem Handy, in deinem Smart-TV, in deinem Auto. Die DSV ist also eine sehr etablierte und ausgereifte Ingenieurdisziplin, die die Grundlage für die digitale Welt bildet, in der wir leben.

Literaturhinweise zu 1.2.2 Kurze historische Entwicklung und Meilensteine

- **Oppenheim, A. V., & Schafer, R. W. (1999).** ***Discrete-Time Signal Processing*** **(2nd ed.). Prentice Hall.** Neben der Definition bietet dieses Standardwerk auch eine kurze historische Entwicklung der DSV, einschließlich der Bedeutung der Fast Fourier Transformation (FFT) als entscheidenden Meilenstein für die effiziente Signalanalyse.
- **Crochiere, R. E., & Rabiner, L. R. (1983).** ***Multirate Digital Signal Processing*****. Prentice-Hall.** Dieses Buch, obwohl spezialisiert, entstand in einer Zeit, in der sich die DSV in vielen Anwendungen etablierte. Es verdeutlicht die Reife und die breiten Anwendungen der DSV in den 1980er und 1990er Jahren, die durch die Entwicklung von DSP-Chips ermöglicht wurden.
- **Cooley, J. W., & Tukey, J. W. (1965). An algorithm for the machine calculation of complex Fourier series.** ***Mathematics of Computation, 19*****(90), 297–301.** Dies ist das Originalpapier, das den Fast Fourier Transformation (FFT)-Algorithmus beschreibt. Es markiert einen entscheidenden Meilenstein in der Geschichte der DSV, da es die Recheneffizienz revolutionierte und die praktische Anwendung der Frequenzanalyse ermöglichte.

1.3 Was ist Künstliche Intelligenz (KI)?

Nachdem wir uns mit der DSV vertraut gemacht haben, schauen wir uns nun das zweite große Feld an: die *Künstliche Intelligenz (KI)*.

1.3.1 Definition und Kernziele

Künstliche Intelligenz (KI) befasst sich mit der Schaffung von Maschinen, die menschenähnliche Intelligenz zeigen können. Es geht darum, dass Computer Aufgaben lösen, die normalerweise menschliche Intelligenz erfordern. Die Kernziele der KI sind sehr breit gefächert. Stell dir vor, eine KI soll lernen, ein Schachspiel zu gewinnen. Das erfordert nicht nur das Wissen der Regeln, sondern auch Strategie, Vorhersage und Anpassung. Eine KI könnte auch das Ziel haben, Gesichter auf Fotos zu erkennen, die menschliche Sprache zu verstehen oder sogar kreative Texte zu schreiben. Es geht darum, Maschinen die Fähigkeit zu geben, zu lernen, Probleme zu lösen, Entscheidungen zu treffen und sogar zu „verstehen". Die KI versucht also, das Denken und Handeln des Menschen in Computern nachzubilden.

Literaturhinweise zu 1.3.1 Definition und Kernziele

- **Russell, S. J., & Norvig, P. (2020).** ***Artificial Intelligence: A Modern Approach*** **(4th ed.). Pearson.** Dieses ist das Standardlehrbuch der Künstlichen Intelligenz und bietet eine umfassende Definition von KI sowie eine detaillierte Erörterung ihrer Kernziele, wie rationales Handeln, Denken und die Nachahmung menschlicher Kognition.
- **Turing, A. M. (1950). Computing Machinery and Intelligence.** ***Mind, 59*****(236), 433–460.** Dieses wegweisende Papier von Alan Turing stellt den berühmten Turing-Test vor, der als frühe und einflussreiche Definition von Intelligenz im Kontext der Maschinen dient. Es ist grundlegend für das Verständnis der Kernziele der KI aus historischer Perspektive.
- **McCarthy, J., Minsky, M. L., Rochester, N., & Shannon, C. E. (1955).** ***A Proposal for the Dartmouth Summer Research Project on Artificial Intelligence, August 31, 1955.*** Dieses historische Dokument ist die Geburtsurkunde der Künstlichen Intelligenz. Es formuliert die ersten Kernziele der KI-Forschung und schlägt einen Sommer-Workshop vor, bei dem der Begriff „Artificial Intelligence" geprägt wurde.

1.3.2 Kurze historische Entwicklung und Schlüsselkonzepte (z. B. Maschinelles Lernen, Deep Learning)

Die Geschichte der KI ist faszinierend und von großen Höhen und Tiefen geprägt. Die Idee, Maschinen intelligent zu machen, ist alt, aber die wissenschaftliche Forschung begann in den 1950er Jahren. Damals dachten Forscher, man könnte Intelligenz erreichen, indem man Computer mit einer riesigen Menge an Regeln und logischem Wissen füttert. Stell dir vor, man versucht, einem Computer beizubringen, wie man ein Haus baut, indem man ihm jede einzelne Regel und jede mögliche Situation im Bauprozess genau beschreibt.

Doch dieser Ansatz stieß an seine Grenzen. Das wahre Feuerwerk der KI begann erst mit der Entwicklung des Maschinellen Lernens (ML). Das ist ein Schlüsselkonzept in der KI. Statt explizit jede Regel zu programmieren, lernt die Maschine hier aus Daten. Stell dir vor, du zeigst einem Kind Tausende von Bildern von Katzen und Hunden und sagst immer dazu, ob es eine Katze oder ein Hund ist. Das Kind lernt dann, selbstständig die Unterschiede zu erkennen, ohne dass du ihm sagst, „Katzen haben spitze Ohren" oder

„Hunde bellen". Genauso lernt ein ML-Modell, Muster in den Daten zu finden und darauf basierend Vorhersagen oder Entscheidungen zu treffen.

Innerhalb des Maschinellen Lernens ist das Deep Learning ein weiteres, besonders mächtiges Schlüsselkonzept, das in den letzten etwa 10 bis 15 Jahren für die größten Durchbrüche gesorgt hat. Deep Learning verwendet neuronale Netze, die von der Struktur des menschlichen Gehirns inspiriert sind. Stell dir diese Netze als viele miteinander verbundene Schichten von kleinen „Entscheidungseinheiten" vor, die Informationen von einer Schicht zur nächsten weitergeben. Diese Netze können extrem komplexe Muster in riesigen Datenmengen erkennen. Dank Deep Learning sind heute Spracherkennung, Gesichtserkennung und autonome Fahrzeuge überhaupt erst möglich geworden, da diese Netzwerke lernen können, extrem komplexe und abstrakte Zusammenhänge zu verstehen, die mit einfacheren Methoden nicht zu erfassen wären.

Literaturhinweise zu 1.3.2 Kurze historische Entwicklung und Schlüsselkonzepte

- **Nilsson, N. J. (2010).** ***The Quest for Artificial Intelligence: A History of Ideas and Achievements*****. Cambridge University Press.** Dieses Buch bietet eine ausgezeichnete historische Entwicklung der KI, die die verschiedenen Phasen der Forschung und die evolutionäre Entstehung wichtiger Konzepte wie Maschinelles Lernen und neuronale Netze beleuchtet.
- **LeCun, Y., Bengio, Y., & Hinton, G. (2015). Deep learning.** ***Nature, 521*****(7553), 436–444.** Dieser einflussreiche Übersichtsartikel beschreibt die Prinzipien und Anwendungen von Deep Learning. Er ist eine maßgebliche Referenz, um dieses Schlüsselkonzept der modernen KI zu verstehen und seine Bedeutung für aktuelle Durchbrüche in Spracherkennung und Computer Vision zu erfassen.
- **Goodfellow, I., Bengio, Y., & Courville, A. (2016).** ***Deep Learning*****. MIT Press.** Dieses umfassende Lehrbuch ist das Standardwerk für Deep Learning. Es erklärt detailliert die theoretischen Grundlagen und praktischen Anwendungen von neuronalen Netzen und ist somit eine essentielle Quelle für das Verständnis dieses Schlüsselkonzepts im Bereich der KI.

1.4 Die These: Warum KI und DSV untrennbar verbunden sind – Eine erste Annäherung

Jetzt kommen wir zum Kern unserer Betrachtung: Warum sind Künstliche Intelligenz und Digitale Signalverarbeitung so eng, ja, *untrennbar verbunden*? Stell dir vor, die KI ist ein brillanter Koch, der die köstlichsten Gerichte zaubern kann. Aber selbst der beste Koch braucht hochwertige Zutaten und die richtigen Küchengeräte. Hier kommt die DSV ins Spiel: Sie ist der „Lieferant“ dieser hochwertigen Zutaten und der „Hersteller“ der Spezialgeräte.

Wenn eine KI ein Bild analysieren soll, um Objekte zu erkennen, braucht sie zunächst das Bild in einer sauberen, digitalen Form. Die Kamera nimmt ein analoges Lichtsignal auf, das von der DSV in Pixel umgewandelt, von Rauschen befreit und vielleicht sogar in der Helligkeit angepasst wird. Ohne diese präzise Vorverarbeitung durch die DSV wären die Eingangsdaten für die KI chaotisch und unbrauchbar. Die DSV bereitet also die „Rohdaten“ so auf, dass die KI überhaupt damit arbeiten kann. Sie ist das Fundament, auf dem die KI aufbaut.

Gleichzeitig hat die KI die DSV revolutioniert. Früher, wenn du zum Beispiel einen Filter für ein Audiosignal entwerfen wolltest, musstest du als Ingenieur genau wissen, welche Frequenzen du entfernen möchtest, und den Filter mathematisch berechnen. Heute kann eine KI lernen, den optimalen Filter selbst zu entwerfen, indem sie Millionen von Beispielen von verrauschter und sauberer Sprache hört. Die KI macht die DSV intelligent und adaptiv, das heißt, die Signalverarbeitung kann sich dynamisch an verschiedene Situationen anpassen, ohne dass ein Mensch ständig neue Regeln programmieren muss.

Die These ist also: KI kann ohne die präzise und effiziente Datenaufbereitung durch die DSV oft nicht ihr volles Potenzial entfalten, und die DSV wird durch die Lernfähigkeit der KI intelligenter, flexibler und leistungsfähiger. Es ist eine Beziehung, in der sich beide gegenseitig verstärken und voneinander profitieren. Wie ein Musiker, der ein hochmodernes, digitalisiertes Instrument spielt: Das Instrument (DSV) erzeugt die perfekten Klänge, und der Musiker (KI) weiß, wie er diese Klänge intelligent zu einem Meisterwerk arrangiert.

Literaturhinweise zu 1.4 Die These

- **Wang, W., Chen, L., & Hu, J. (2019). *Machine Learning for Signal Processing: Principles, Applications and Challenges*. Springer.** Dieses Buch widmet sich explizit der Verbindung von Maschinellem Lernen und Signalverarbeitung. Es untermauert die These, dass diese beiden Disziplinen untrennbar verbunden sind, indem es detailliert aufzeigt, wie ML-Techniken in der Signalverarbeitung eingesetzt werden und wie die DSV eine grundlegende Rolle für KI-Anwendungen spielt.
- **O’Shea, T. J., & Hoydis, J. (2017). An Introduction to Deep Learning for the Physical Layer. *IEEE Transactions on Cognitive Communications and Networking, 3*(4), 563–575.** Dieser Übersichtsartikel veranschaulicht die untrennbare Verbindung am Beispiel der Kommunikationstechnik. Er zeigt, wie Deep Learning (KI) die physikalische Schicht (traditionell DSV-Domäne) revolutioniert und wie die DSV gleichzeitig die notwendige Datenbasis und die Infrastruktur für diese KI-Anwendungen bereitstellt.

- **LeCun, Y., Bengio, Y., & Hinton, G. (2015). Deep learning.** ***Nature, 521*****(7553), 436–444.** Obwohl es primär um Deep Learning geht, belegt dieser einflussreiche Artikel durch die Vielzahl der behandelten Anwendungsfälle (z. B. Computer Vision, Spracherkennung) implizit die untrennbare Abhängigkeit moderner KI von gut aufbereiteten Signaldaten. Dies ist ein starkes Argument für die *These*, dass DSV die Grundlage für viele KI-Erfolge bildet.

1.5 Zielsetzung und Struktur dieses Dokuments

Das Hauptziel dieses Dokuments ist es, dir ein anschauliches und leicht verständliches Bild davon zu vermitteln, wie die Künstliche Intelligenz und die Digitale Signalverarbeitung miteinander verwoben sind. Wir wollen zeigen, dass sie keine getrennten Inseln sind, sondern ein zusammenhängendes Ökosystem bilden, das die Grundlage für viele faszinierende Technologien bildet, die unseren Alltag bereits heute prägen und in Zukunft noch stärker beeinflussen werden.

Wir haben in diesem ersten Teil eine gemeinsame Basis geschaffen, indem wir uns kurz angesehen haben, was DSV und KI jeweils sind und warum ihre Verbindung so wichtig ist. Im weiteren Verlauf werden wir dann tiefer in die Materie eintauchen. Wir werden die fundamentalen Grundlagen der KI wie die Kernkonzepte, Problemlösung durch Suchen, Wissensrepräsentation und Maschinelles Lernen genauer beleuchten. Danach werden wir uns die Abgrenzung und Unterscheidung von KI und DSV ansehen, um ihre spezifischen Stärken zu verstehen. Anschließend widmen wir uns den vertiefenden Anwendungsbeispielen und Fallstudien, in denen diese beiden Bereiche Hand in Hand arbeiten, von Spracherkennung bis zu autonomen Fahrzeugen. Zum Schluss werfen wir einen Blick auf die aktuellen Herausforderungen und zukünftigen Trends an dieser spannenden Schnittstelle. Am Ende dieses Dokuments wirst du ein klares Verständnis dafür haben, warum wir sagen können: Die Zukunft der intelligenten Systeme ist integriert, und KI und DSV sind dabei ein untrennbares „Power-Duo“.

Literaturhinweise zu 1.5 Zielsetzung und Struktur dieses Dokuments

- **Russell, S. J., & Norvig, P. (2020).** ***Artificial Intelligence: A Modern Approach*** **(4th ed.). Pearson.** Dieses Lehrbuch ist selbst ein Beispiel für eine umfassende Strukturierung des KI-Feldes. Seine Einführung und Gliederung geben einen Einblick in die logische Organisation komplexer Themen, ähnlich der Struktur dieses Dokuments, um ein tiefes Verständnis zu ermöglichen.

- **Goodfellow, I., Bengio, Y., & Courville, A. (2016).** ***Deep Learning*****. MIT Press.** Die Einführung dieses Standardwerks verdeutlicht die Zielsetzung, komplexe Konzepte des Deep Learning verständlich zu machen. Ihre Struktur spiegelt wider, wie technische Themen schrittweise aufgebaut werden, was auch die Methodik dieses Dokuments in seiner Struktur widerspiegelt.
- **Oppenheim, A. V., & Schafer, R. W. (1999).** ***Discrete-Time Signal Processing*** **(2nd ed.). Prentice Hall.** Die klare Struktur und Zielsetzung dieses DSV-Lehrbuchs, grundlegende Signalverarbeitungskonzepte zu vermitteln, dient als Referenzpunkt für die didaktische Aufbereitung technischer Inhalte, ähnlich wie in diesem Dokument der Fokus auf Anschaulichkeit für Schüler der 10. Klasse liegt.

Fundamentale Grundlagen der Digitalen Signalverarbeitung (DSV)

2

2.1 Signale und Systeme

Um die Welt der Digitalen Signalverarbeitung wirklich zu verstehen, müssen wir uns zuerst die Bausteine anschauen, mit denen wir arbeiten: die Signale selbst und die Systeme, die diese Signale verändern.

2.1.1 Klassifikation von Signalen (kontinuierlich/diskret, analog/digital, deterministisch/stochastisch)

Stell dir vor, du spielst Gitarre. Der Klang, der aus deiner Gitarre kommt, ist ein Signal. Dieses Signal können wir auf verschiedene Arten beschreiben. Zuerst gibt es *kontinuierliche* Signale. Das ist wie die Schwingung der Gitarrensaite oder die Luftdruckschwankungen, die den Schall erzeugen. Diese Signale existieren zu jedem beliebigen Zeitpunkt und können jeden Wert annehmen, wie eine durchgehende Linie auf einem Diagramm. Im Gegensatz dazu gibt es *diskrete* Signale. Das ist, als würdest du den Schall der Gitarre nur alle paar Millisekunden messen und diese Messwerte als Zahlen aufschreiben. Du hast nur bestimmte Werte zu bestimmten Zeitpunkten, wie einzelne Punkte auf einem Diagramm.

Dann unterscheiden wir zwischen *analogen und digitalen Signalen.* Der Klang deiner Gitarre ist von Natur aus analog. Das bedeutet, er kann unendlich viele feine Abstufungen in Lautstärke und Tonhöhe haben. Wenn du diesen Klang aber mit einem Mikrofon aufnimmst und in einen Computer einspeist, wird er digitalisiert. Das bedeutet, die kontinuierlichen Werte werden in eine endliche Anzahl von Zahlen umgewandelt. Es ist, als würde man eine Farbe aus einem unendlich großen Spektrum auf eine begrenzte Palette von Farbtönen reduzieren, die ein Computer speichern kann (zum Beispiel Zahlen von 0

U. Karrenberg, *Das unzertrennliche Duo: Digitale Signalverarbeitung und Künstliche Intelligenz*, https://doi.org/10.1007/978-3-662-72296-1_2

bis 255 für die Helligkeit eines Pixels). Alleine mit digitalen Signalen kann ein Computer dann optimal arbeiten.

Schließlich können wir Signale als *deterministisch* oder *stochastisch (zufällig)* bezeichnen. Ein deterministisches Signal ist etwas, das wir genau vorhersagen können, wie ein perfekt eingestellter Taktgeber, der immer im gleichen Rhythmus schlägt. Ein stochastisches Signal ist dagegen zufällig oder unvorhersehbar, wie das Rauschen, das du im Hintergrund eines Radiosenders hörst. Du kannst es nicht genau vorhersagen, aber du kannst vielleicht seine Eigenschaften statistisch beschreiben. Diese Unterscheidungen helfen uns, die richtigen DSV-Techniken für verschiedene Arten von Signalen auszuwählen.

2.1.2 Elementarsignale und ihre Bedeutung

Um komplexere Signale zu verstehen und zu bearbeiten, ist es hilfreich, sich mit *Elementarsignalen* zu beschäftigen. Stell dir diese vor wie die Grundbausteine, aus denen alle anderen Signale zusammengesetzt sind.

Ein wichtiges Elementarsignal ist der *Einheitsimpuls.* Das ist wie ein sehr kurzer, lauter Knall, der nur für einen winzigen Moment existiert und dann sofort wieder verschwindet. In der digitalen Welt ist das eine Zahl „1“ an einem bestimmten Zeitpunkt und sonst überall „0“. Dieses Signal ist unglaublich wichtig, weil wir damit Systeme „testen“ können, wie wir später bei der Impulsantwort sehen werden.

Stößt man kurz ein Weinglas an, so erklingt das Weinglas mit einem charakteristischen Klang. Dieser Klang verrät die schwingungsphysikalischen Eigenschaftwen des Glases, dessen Spektrum zeigt die einzelnen Frequenzen an, die im Klang enthalten sind. Bei einer kleinen Beschädigung des Glases verändert sich das Spektrum. So werden in des Gläserproduktion automatisch alle Gläser mit verändertem Spektrum aussortiert!

Ein anderes Elementarsignal ist der *Einheitssprung.* Stell dir vor, du schaltest plötzlich ein Licht ein. Das Signal geht von „aus“ (0) sofort auf „an“ (1) und bleibt dann an. Es ist ein plötzlicher, dauerhafter Wechsel.

Beispielsweise lässt sich sehr einfach damit feststellen, ob deine Stoßdämpfer noch in Ordnung sind: Einfach mit dem Rad die Bürgersteigkante herunterfahren. Schwingt die Karosserie dabei ein wenig hin und her, wird es Zeit, den Stoßdämpfer zu wechseln.

Die innere Verwandtschaft beider Signale ergibt sich aus der Tatsache, dass die *Differentiation* des Einheitssprungs den Einheitsimpuls ergibt. Das ermöglicht innovative Anwendungen!

Und natürlich gibt es die *Sinusschwingung bzw. -welle*, die du vielleicht aus der Physik kennst. Jede Musik, jede Stimme, jedes Funksignal kann als eine Summe von vielen verschiedenen Sinusschwingungen mit unterschiedlichen Frequenzen und Lautstärken dargestellt werden. Die Sinusschwingung bzw. -welle ist der König der Elementarsignale, besonders wenn wir später über die *Fourier-Transformation* sprechen, die Signale genau in diese Sinusschwingungen zerlegt. Das Verständnis dieser einfachen Bausteine hilft uns, die komplexen Signale unserer Welt zu analysieren und zu manipulieren.

2.1.3 Systeme: Eigenschaften (Linearität, Zeitinvarianz, Kausalität, Stabilität)

Signale werden von *Systemen* verarbeitet. Ein System kann ein Mikrofon sein, das Schall in elektrische Signale umwandelt, oder ein Equalizer, der den Klang einer Musik verändert, oder ein Kompressionsalgorithmus, der eine Datei verkleinert. Diese Systeme haben verschiedene Eigenschaften, die wichtig für unser Verständnis sind.

Ein System kann *linear* sein. Das bedeutet, wenn du zwei Signale einzeln durch das System schickst und die Ergebnisse addierst, ist das dasselbe, als würdest du die beiden Signale zuerst addieren und dann das kombinierte Signal durch das System schicken. Stell dir vor, ein Verstärker ist linear: Wenn du zwei Mikrofone anschließt und beide Stimmen verstärkst, ist das Ergebnis einfach die Summe der beiden verstärkten Stimmen. Ein nicht-lineares System würde zum Beispiel Verzerrungen erzeugen, wenn du zwei Signale gleichzeitig verstärkst.

Dann gibt es die *Zeitinvarianz*. Ein System ist zeitinvariant, wenn seine Reaktion sich nicht im Laufe der Zeit ändert, egal wann du ein Signal anlegst. Wenn du heute einen Knopf drückst und das System ein bestimmtes Geräusch erzeugt, dann sollte es morgen genau das gleiche Geräusch erzeugen, wenn du den gleichen Knopf drückst. Es ist, als würde ein Toaster immer gleich bräunen, egal wann du ihn benutzt.

Kausalität ist eine weitere Eigenschaft. Ein kausales System erzeugt seine Ausgabe nur basierend auf aktuellen oder früheren Eingaben. Es kann nicht in die Zukunft schauen. Das ist logisch: Ein Lautsprecher kann nur den Ton abspielen, den er gerade empfängt oder schon empfangen hat, nicht den, der erst in der nächsten Sekunde kommt.

Schließlich ist die *Stabilität* wichtig. Ein stabiles System wird bei einer begrenzten Eingabe immer eine begrenzte Ausgabe erzeugen. Wenn du zum Beispiel eine normale Lautstärke in einen Verstärker gibst, sollte er nicht unendlich laut werden oder zu dröhnen beginnen. Wenn du also eine kleine, begrenzte Spannung in einen Verstärker gibst, sollte die Ausgangsspannung ebenfalls begrenzt sein. Diese Eigenschaften sind entscheidend, um zu wissen, wie sich ein System verhalten wird und ob wir ihm vertrauen können.

2.1.4 Lineare, zeitinvariante (LTI) Systeme: Impulsantwort und Faltung

Besonders wichtig in der Digitalen Signalverarbeitung sind die sogenannten *Linearen, zeitinvarianten (LTI) Systeme.* Stell dir ein LTI-System wie einen perfekten Effekt-Pedal für deine Gitarre vor, das immer gleich funktioniert und keine unerwarteten Überraschungen bereithält. Die Kombination aus Linearität und Zeitinvarianz macht diese Systeme mathematisch sehr gut handhabbar.

Das Kernstück eines LTI-Systems ist seine *Impulsantwort*. Erinnerst du dich an den Einheitsimpuls, diesen kurzen, lauten Knall? Wenn du diesen Einheitsimpuls in ein LTI-System einspeist, ist die Ausgabe des Systems seine Impulsantwort. Diese Impulsantwort ist wie der „Charakter" oder die „Signatur" des Systems. Wenn du zum Beispiel ein Echo-Effektgerät hast und einen kurzen Knall hineinschickst, ist die Impulsantwort die Reihe von Echos, die herauskommen. Das Erstaunliche ist: Wenn du die Impulsantwort eines LTI-Systems kennst, kannst du vorhersagen, wie das System auf *jedes beliebige* andere Signal reagieren wird!

Und genau das passiert durch die *Faltung*. Die Faltung ist eine mathematische Operation, die die Eingabe eines Signals mit der Impulsantwort des Systems kombiniert, um die Ausgabe des Systems zu berechnen. Stell dir vor, du hast viele kurze Töne (das Eingabesignal). Du weißt, wie das Echo-Gerät auf einen einzelnen kurzen Ton reagiert (die Impulsantwort). Die Faltung sagt dir dann, wie das Gerät klingt, wenn du die Summe all dieser kurzen Töne gleichzeitig spielst. Es ist wie das Überlagern vieler kleiner Echo-Antworten, die jeweils an der richtigen Stelle platziert sind.

Die Faltung ist ein grundlegendes Werkzeug in der DSV, um zu analysieren, wie LTI-Systeme Signale verändern, sei es bei der Audiobearbeitung, der Bildverarbeitung oder der Kommunikation.

Literaturhinweise zu 2.1 Signale und Systeme

- **Oppenheim, A. V., & Schafer, R. W. (1999). *Discrete-Time Signal Processing* (2nd ed.). Prentice Hall.** Dieses Buch ist ein Standardwerk der Digitalen Signalverarbeitung und behandelt umfassend die Klassifikation von Signalen, die Elementarsignale und die Eigenschaften von Systemen (Linearität, Zeitinvarianz, Kausalität, Stabilität). Es erklärt auch ausführlich die Impulsantwort und Faltung von LTI-Systemen, was für das grundlegende Verständnis unerlässlich ist.
- **Proakis, J. G., & Manolakis, D. G. (2007). *Digital Signal Processing: Principles, Algorithms and Applications* (4th ed.). Pearson Prentice Hall.** Eine weitere maßgebliche Referenz, die eine detaillierte Einführung in die Signale und Systeme in der DSV bietet. Sie erläutert die verschiedenen Signalarten, die Eigenschaften von LTI-Systemen und die fundamentale Rolle der Faltung bei der Analyse dieser Systeme.

- **Hayes, M. H. (1999).** ***Statistical Digital Signal Processing and Modeling*****. John Wiley & Sons.** Dieses Werk ergänzt die deterministischen Aspekte um stochastische Signale und deren Charakterisierung. Es hilft, ein umfassenderes Bild der Signalarten zu erhalten und ist relevant für das Verständnis von Signalen, die Zufälligkeiten enthalten.

2.2 Von Analog zu Digital: Das Abtasttheorem

Die Welt um uns herum ist analog – Klänge, Licht, Temperaturen sind kontinuierlich. Computer aber arbeiten mit digitalen Informationen, also Zahlen. Der Übergang von analog zu digital ist ein entscheidender Schritt in der Digitalen Signalverarbeitung, und hier spielt das Abtasttheorem eine zentrale Rolle.

2.2.1 Abtastung, Quantisierung und Kodierung

Stell dir vor, du hast eine Audioaufnahme von einem Mikrofon, das ist ein analoges Signal. Um es digital zu machen, durchläuft es drei wichtige Schritte: *Abtastung, Quantisierung und Kodierung.*

Bei der *Abtastung (Sampling)* nimmt man in regelmäßigen, sehr kurzen Abständen „Schnappschüsse“ des analogen Signals auf. Stell dir vor, du hast eine kontinuierliche Linie (dein analoges Signal). Du legst ein Lineal an und markierst Punkte auf der Linie immer genau nach einer bestimmten Entfernung. Diese markierten Punkte sind deine Abtastwerte. Bei einer Audioaufnahme bedeutet das, dass der Schallwellenverlauf Tausende Male pro Sekunde gemessen wird. Je öfter du abtastest, desto genauer erfasst du das Originalsignal.

Nach der Abtastung kommt die *Quantisierung.* Die Abtastwerte sind immer noch genaue Zahlen, die viele Nachkommastellen haben könnten. Bei der Quantisierung werden diese Werte auf eine begrenzte Anzahl von Stufen gerundet, die der Computer speichern kann. Stell dir vor, du misst eine Temperatur von 23,456 Grad Celsius. Bei der Quantisierung wird dieser Wert vielleicht auf 23,5 Grad gerundet. Es ist, als würdest du aus einer riesigen Farbpalette nur eine bestimmte Anzahl von Farbtönen auswählen, um ein Bild zu malen. Das führt zu einem kleinen Informationsverlust, der aber bei guter Quantisierung kaum hörbar oder sichtbar ist.

Schließlich erfolgt die *Kodierung.* Die gerundeten Zahlenwerte werden in einen binären Code umgewandelt (also in Folgen von Nullen und Einsen), den der Computer versteht und speichern kann. Das ist der Moment, in dem das analoge Signal wirklich digital wird. Diese drei Schritte sind fundamental, um jedes analoge Signal – sei es Ton, Bild oder Sensordaten – für die digitale Verarbeitung nutzbar zu machen.

2.2.2 Das Nyquist-Shannon-Abtasttheorem: Grundlagen und Implikationen

Das *Nyquist-Shannon-Abtasttheorem* ist einer der wichtigsten Lehrsätze in der Digitalen Signalverarbeitung. Es beantwortet die Frage: Wie oft muss ich ein analoges Signal abtasten, damit ich es später perfekt aus seinen digitalen Schnappschüssen wiederherstellen kann, ohne Informationen zu verlieren?

> *Das Theorem besagt vereinfacht: Du musst ein Signal mindestens doppelt so schnell abtasten wie seine höchste im Signal enthaltene Frequenz.*

Wenn das höchste Geräusch, das du aufnimmst, eine Frequenz von 20.000 Hertz (Schwingungen pro Sekunde) hat (das ist ungefähr die obere Hörgrenze des Menschen), dann musst du das Audiosignal mindestens 40.000 Mal pro Sekunde abtasten. Bei CDs wird zum Beispiel mit 44.100 Abtastungen pro Sekunde gearbeitet (44.1 kHz), was knapp über der doppelten menschlichen Hörgrenze liegt.

Die Grundlage des Theorems ist, dass jede Frequenz in einem Signal durch mindestens zwei Abtastpunkte pro Schwingung erfasst werden muss, um ihre Form eindeutig zu bestimmen. Die Implikation ist enorm: Wenn du die Nyquist-Frequenz (die halbe Abtastrate) nicht einhältst, verlierst du Informationen, die du später nicht wiederherstellen kannst. Das führt zum Problem des Aliasing.

2.2.3 Aliasing: Ursachen, Effekte und Vermeidung (Anti-Aliasing-Filter)

Aliasing ist ein unliebsamer Effekt, der auftritt, wenn das Nyquist-Shannon-Abtasttheorem nicht eingehalten wird. Stell dir vor, du filmst ein sich schnell drehendes Rad eines Wagens mit einer Videokamera, die nur eine begrenzte Anzahl von Bildern pro Sekunde aufnimmt. Wenn das Rad sich sehr schnell dreht, kann es im Video so aussehen, als würde es sich langsam rückwärts drehen oder sogar stillstehen. Das ist ein optisches Aliasing.

In der Signalverarbeitung passiert Ähnliches mit Frequenzen. Wenn du ein Signal mit einer Frequenz abtastest, die höher ist als die halbe Abtastrate (Nyquist-Frequenz), dann wird diese hohe Frequenz nach der Digitalisierung fälschlicherweise als eine niedrigere Frequenz interpretiert. Die Ursache ist also eine zu niedrige Abtastrate im Verhältnis zur höchsten Frequenz im Originalsignal. Der Effekt ist, dass hochfrequente Anteile des Signals „heruntergeklappt" werden und sich mit niedrigeren Frequenzen vermischen, was zu Verzerrungen führt, die man später nicht mehr entfernen kann. Es ist, als würde ein Ton, der eigentlich sehr hoch ist, nach der Digitalisierung als tieferer Ton klingen, und du kannst den Fehler nicht mehr rückgängig machen.

Um Aliasing zu vermeiden, verwendet man sogenannte *Anti-Aliasing-Filter*. Das ist ein spezieller Tiefpassfilter, der vor der Abtastung (also noch im analogen Bereich) alle

Frequenzen aus dem Signal entfernt, die höher sind als die halbe Abtastrate. Stell dir vor, du lässt nur die Frequenzen ins Mikrofon, die du später auch korrekt digitalisieren kannst. So wird sichergestellt, dass keine zu hohen Frequenzen digitalisiert werden, die später fälschlicherweise als niedrigere Frequenzen interpretiert werden könnten. Dieser Filter ist ein unverzichtbarer Bestandteil jedes Analog–Digital-Wandlers und schützt die Signalintegrität.

Literaturhinweise zu 2.2 Von Analog zu Digital: Das Abtasttheorem

- **Oppenheim, A. V., & Schafer, R. W. (1999).** ***Discrete-Time Signal Processing*** **(2nd ed.). Prentice Hall.** Dieses Standardwerk der DSV behandelt detailliert die Schritte der Abtastung, Quantisierung und Kodierung. Es erklärt umfassend das Nyquist-Shannon-Abtasttheorem mit seinen Grundlagen und Implikationen und beleuchtet das Phänomen des Aliasing, einschließlich seiner Ursachen, Effekte und Vermeidung durch Anti-Aliasing-Filter.
- **Proakis, J. G., & Manolakis, D. G. (2007).** ***Digital Signal Processing: Principles, Algorithms and Applications*** **(4th ed.). Pearson Prentice Hall.** Eine weitere maßgebliche Referenz, die den Übergang von Analog zu Digital ausführlich beschreibt. Sie erläutert die Prinzipien der Abtastung und Quantisierung, die Bedeutung des Nyquist-Shannon-Abtasttheorems und die praktische Relevanz der Aliasing-Vermeidung.
- **Shannon, C. E. (1949). Communication in the Presence of Noise.** ***Proceedings of the IRE, 37*****(1), 10–21.** Dies ist ein grundlegendes Papier von Claude Shannon, das die theoretischen Grundlagen des *Abtasttheorems* legt. Es ist ein wissenschaftlicher Meilenstein, der die Prinzipien der digitalen Kommunikation und Signalverarbeitung bis heute prägt.
- **Lyons, R. G. (2011).** ***Understanding Digital Signal Processing*** **(3rd ed.). Prentice Hall.** Dieses Buch bietet einen sehr intuitiven und praxisnahen Zugang zum Thema. Es erklärt die Konzepte der Abtastung, Quantisierung und des Abtasttheorems auf leicht verständliche Weise und verdeutlicht die Effekte des Aliasing mit anschaulichen Beispielen.

2.3 Transformationen im Frequenz- und Z-Bereich

Manchmal ist es einfacher, ein Problem zu lösen, indem man es aus einem anderen Blickwinkel betrachtet. In der Digitalen Signalverarbeitung bedeutet das oft, Signale vom Zeitbereich in einen anderen Bereich zu transformieren, insbesondere den Frequenz- oder den Z-Bereich.

2.3.1 Die Fourier-Reihe und Fourier-Transformation (kontinuierlich und diskret – DFT)

Erinnerst du dich an die Sinuswelle, dieses einfache Elementarsignal? Die Fourier-Transformation ist ein mächtiges Werkzeug, das jedes beliebige Signal (egal wie komplex) in seine einzelnen Sinuswellen zerlegen kann.

Die *Fourier-Reihe* wird verwendet, um periodische Signale (die sich immer wiederholen, wie der Klang einer sich wiederholenden Melodie) in eine Summe von Sinus- und Kosinuswellen zu zerlegen. Stell dir vor, du hast eine komplexe musikalische Phrase, die sich ständig wiederholt. Die Fourier-Reihe zeigt dir, aus welchen einzelnen Tönen (Sinuswellen mit bestimmten Frequenzen und Lautstärken) diese Phrase besteht.

Die *Fourier-Transformation* ist allgemeiner und kann auch für nicht-periodische Signale (die sich nicht wiederholen, wie ein einzelnes gesprochenes Wort) verwendet werden. Sie wandelt ein Signal vom Zeitbereich (wie sich die Lautstärke über die Zeit ändert) in den Frequenzbereich (welche Töne sind in welcher Stärke enthalten) um. Wenn du zum Beispiel deine Stimme aufnimmst und die Fourier-Transformation anwendest, erhältst du ein Spektrum, das zeigt, welche Frequenzen deine Stimme enthält und welche Frequenzen besonders laut sind.

Wenn wir mit digitalen Signalen arbeiten, verwenden wir die Diskrete Fourier-Transformation (DFT). Das ist die Version der Fourier-Transformation für unsere abgetasteten, quantisierten Signale. Sie nimmt eine begrenzte Anzahl von digitalen Abtastwerten und zerlegt sie in eine begrenzte Anzahl von Frequenzkomponenten. Die DFT ist das Herzstück vieler digitaler Audio- und Bildbearbeitungsanwendungen.

2.3.2 Die Schnelle Fourier-Transformation (FFT): Algorithmen und Effizienz

Die *Diskrete Fourier-Transformation (DFT)* ist mathematisch sehr aufwendig zu berechnen, besonders bei langen Signalen. Für eine lange Audioaufnahme würde die Berechnung der DFT ewig dauern. Hier kam ein genialer Algorithmus ins Spiel: die *Schnelle Fourier-Transformation (FFT Fast Fourier-Transforation)*, die wir bereits kurz in der Historie der DSV erwähnt haben.

Die FFT ist einfach eine sehr effiziente Methode, um die DFT zu berechnen. Stell dir vor, du musst eine lange Liste von Zahlen addieren. Anstatt sie alle einzeln zu addieren, findest du einen cleveren Trick, der die Aufgabe in viele kleinere, einfachere Additionsaufgaben zerlegt und diese dann geschickt kombiniert. Die FFT macht genau das: Sie nutzt Symmetrien in den Berechnungen der DFT, um die Anzahl der notwendigen Rechenschritte drastisch zu reduzieren. Dadurch konnte die Fourier-Transformation erstmals in *Echtzeit* (also ohne spürbare Verzögerung) auf Computern durchgeführt werden. Die Effizienz der FFT war ein riesiger Meilenstein für die gesamte digitale Welt und ist die Grundlage vieler moderner Technologien wie MP3-Player, Spracherkennung, WLAN und sogar medizinische Bildgebung. Ohne die FFT wäre die Welt der Digitalen Signalverarbeitung, wie wir sie kennen, nicht möglich.

2.3.3 Eigenschaften und Anwendungen der Fourier-Transformation (z. B. Spektralanalyse)

Die Fourier-Transformation hat viele nützliche Eigenschaften, die sie zu einem unverzichtbaren Werkzeug in der DSV machen. Eine wichtige Eigenschaft ist, dass die Faltung im Zeitbereich (also die Kombination eines Signals mit einer Impulsantwort) im Frequenzbereich zu einer einfachen Multiplikation wird. Das macht komplexe Operationen viel einfacher zu berechnen.

Die wichtigste Anwendung der Fourier-Transformation ist die *Spektralanalyse.* Stell dir vor, du hast ein Audiosignal und möchtest wissen, welche Frequenzen darin enthalten sind und wie stark sie sind. Die Spektralanalyse, durchgeführt mit der FFT, erzeugt ein Spektrogramm, das dir visuell zeigt, welche Töne wann und mit welcher Lautstärke in deinem Signal vorhanden waren. Das ist wie eine Röntgenaufnahme des Klangs. Diese Analyse ist entscheidend für:

- **Audiobearbeitung**: Equalizer arbeiten direkt im Frequenzbereich.
- **Spracherkennung**: Um die spezifischen Frequenzen zu identifizieren, die menschliche Sprachlaute bilden.
- **Kommunikation**: Um zu sehen, welche Frequenzen von Funksignalen belegt sind und Störungen zu identifizieren.
- **Medizintechnik**: Um Frequenzen in EEG-Signalen des Gehirns zu analysieren, die auf verschiedene Geisteszustände oder Krankheiten hindeuten.

Die Fourier-Transformation hilft uns also, Signale aus einer völlig neuen Perspektive zu betrachten und verborgene Informationen zu entdecken.

2.3.4 Die Z-Transformation: Definition, Eigenschaften und Zusammenhang zur DFT

Neben dem Frequenzbereich gibt es in der Digitalen Signalverarbeitung auch den Z-Bereich, der durch die Z-Transformation erschlossen wird. Stell dir die Z-Transformation vor als ein noch allgemeineres, mathematisches Werkzeug, um diskrete Signale zu analysieren.

Die Definition der Z-Transformation ist mathematisch etwas komplexer als die Fourier-Transformation, aber ihr Zweck ist ähnlich: Sie transformiert ein diskretes Zeitsignal in eine Funktion einer komplexen Variable „z“. Das Besondere ist, dass die

Z-Transformation nicht nur das Frequenzverhalten eines Signals, sondern auch sein *Stabilitätsverhalten* und die Lage seiner Pole und Nullen (spezielle Punkte, die das Systemverhalten charakterisieren) beschreibt.

Der Zusammenhang zur DFT ist eng: Die Diskrete Fourier-Transformation (DFT) ist ein Spezialfall der Z-Transformation, wenn die Variable „z" auf dem Einheitskreis in der komplexen Ebene liegt. Man kann sich die DFT als eine „Momentaufnahme" des Frequenzgangs auf einem bestimmten Bereich des Z-Bereichs vorstellen. Die Z-Transformation ist also das übergeordnete Werkzeug, mit dem man digitale Filter entwerfen und deren Eigenschaften detailliert analysieren kann.

2.3.5 Übertragungsfunktion und Frequenzgang von LTI-Systemen

Wir haben bereits über *LTI-Systeme* (Lineare, zeitinvariante Systeme) und ihre Impulsantwort gesprochen. Mit den Transformationen können wir diese Systeme noch besser verstehen.

Die *Übertragungsfunktion* eines LTI-Systems ist die Z-Transformation seiner Impulsantwort. Stell dir vor, du hast ein Filtersystem. Die Übertragungsfunktion ist wie der „Bauplan" dieses Filters im Z-Bereich. Sie beschreibt mathematisch, wie der Filter auf verschiedene Frequenzen reagiert, und ob das System stabil ist.

Der *Frequenzgang* ist ein Spezialfall der Übertragungsfunktion, wenn wir uns nur das Verhalten des Systems bei Sinuswellen verschiedener Frequenzen ansehen (ähnlich wie bei der Fourier-Transformation). Der Frequenzgang zeigt dir, welche Frequenzen ein System durchlässt und welche es dämpft oder verstärkt. Stell dir einen Equalizer vor. Sein Frequenzgang würde zeigen, dass er Bässe verstärkt und Höhen abschwächt.

Ingenieure nutzen die Übertragungsfunktion und den Frequenzgang, um digitale Filter zu entwerfen und zu analysieren, um sicherzustellen, dass sie die Signale genau so verändern, wie gewünscht.

2.3.6 Kurzeinführung in weitere Transformationen (z. B. Diskrete Kosinus-Transformation (DCT), Wavelet-Transformation)

Neben der Fourier- und Z-Transformation gibt es noch andere wichtige Transformationen in der DSV, die für spezifische Anwendungen sehr nützlich sind.

Die *Diskrete Kosinus-Transformation (DCT)* ist der enge Verwandte der Fourier-Transformation, aber sie verwendet nur Kosinusfunktionen. Ihr großer Vorteil ist, dass sie sich besonders gut zur *Datenkompression* eignet. Stell dir vor, du hast ein Bild. Die DCT kann die Bildinformationen so umwandeln, dass die wichtigsten Details in wenigen Zahlen konzentriert werden und die weniger wichtigen Details weggelassen werden können, ohne dass das Bild stark leidet. Das ist die Grundlage für beliebte Bildformate wie *JPEG* und Videokompressionsstandards.

Die *Wavelet-Transformation* ist eine weitere spannende Transformation. Im Gegensatz zur Fourier-Transformation, die ein Signal global in seine Frequenzen zerlegt, kann die Wavelet-Transformation ein Signal sowohl im Zeit- als auch im Frequenzbereich analysieren. Stell dir vor, du hörst einen Vogel singen, der schnell zwischen hohen und tiefen Tönen wechselt. Die Fourier-Transformation würde dir nur sagen, welche Töne insgesamt da waren. Die Wavelet-Transformation kann dir sagen, wann genau der Vogel einen hohen Ton und wann einen tiefen Ton von sich gab. Sie ist besonders nützlich für die Analyse von Signalen, deren Frequenzen sich über die Zeit ändern, wie biomedizinische Signale (EKG, EEG) oder Sprachsignale, und findet Anwendung in der *Bildkompression und Rauschunterdrückung.*

Literaturhinweise zu 2.3 Transformationen im Frequenz- und Z-Bereich

- **Oppenheim, A. V., & Schafer, R. W. (1999).** ***Discrete-Time Signal Processing*** **(2nd ed.). Prentice Hall.** Dieses Lehrbuch behandelt die Fourier-Reihe und Fourier-Transformation (kontinuierlich und diskret – DFT) umfassend. Es erklärt die Schnelle Fourier-Transformation (FFT), ihre Effizienz und die wichtigen Eigenschaften und Anwendungen der Fourier-Transformation, insbesondere die Spektralanalyse. Zudem wird die Z-Transformation, ihre Definition, Eigenschaften und der Zusammenhang zur DFT sowie die Übertragungsfunktion und der Frequenzgang von LTI-Systemen detailliert erläutert. Eine kurze Einführung in weitere Transformationen wie die Diskrete Kosinus-Transformation (DCT) findet sich ebenfalls.
- **Proakis, J. G., & Manolakis, D. G. (2007).** ***Digital Signal Processing: Principles, Algorithms and Applications*** **(4th ed.).** Pearson Prentice Hall. Eine weitere maßgebliche Referenz, die die Transformationen im Frequenz- und Z-Bereich ausführlich behandelt. Sie legt einen starken Fokus auf die praktischen Anwendungen der Fourier-Transformation und die Wichtigkeit der FFT. Auch die Z-Transformation und ihre Rolle bei der Systemanalyse werden prägnant erklärt.
- **Mallat, S. (2009).** ***A Wavelet Tour of Signal Processing: The Sparse Way*** **(3rd ed.). Academic Press.** Dieses Buch ist eine exzellente Ressource für die Wavelet-Transformation. Es erklärt die Konzepte und Anwendungen dieser Transformation, die für die zeit-frequente Analyse von Signalen von großer Bedeutung ist und eine Ergänzung zur Fourier-Transformation darstellt.
- **W. K. Pratt (1995).** ***Digital Image Processing.*** **John Wiley & Sons.** Dieses Buch behandelt die Diskrete Kosinus-Transformation (DCT) im Kontext der Bildverarbeitung. Es erklärt die Eigenschaften der DCT und ihre Bedeutung für die Bildkompression, insbesondere für Standards wie JPEG, was ihre praktische Relevanz in der DSV unterstreicht.

2.4 Entwurf und Realisierung Digitaler Filter

Filter sind die „Sortiermaschinen“ in der Digitalen Signalverarbeitung. Sie sind dazu da, bestimmte Frequenzen aus einem Signal herauszufiltern oder zu verstärken, während andere Frequenzen unberührt bleiben oder abgeschwächt werden. Stell dir einen Equalizer in deiner Stereoanlage vor, mit dem du Bässe verstärken und Höhen absenken kannst.

2.4.1 Grundlagen digitaler Filter: Tiefpass, Hochpass, Bandpass, Bandsperre

Digitale Filter sind mathematische Algorithmen, die auf digitale Signale angewendet werden, um deren Frequenzzusammensetzung zu verändern. Es gibt verschiedene Grundlagen digitaler Filter, die sich nach den Frequenzbereichen richten, die sie beeinflussen:

- Ein *Tiefpassfilter* lässt tiefe Frequenzen durch und dämpft hohe Frequenzen. Stell dir vor, du möchtest das Rauschen (hohe Frequenzen) aus einer Audioaufnahme entfernen und nur die tiefen, warmen Töne behalten.
- Ein *Hochpassfilter* macht das Gegenteil: Er lässt hohe Frequenzen durch und dämpft tiefe Frequenzen. Das ist nützlich, um zum Beispiel ein konstantes Brummen (tiefe Frequenzen) aus einem Signal zu entfernen.
- Ein **B***andpassfilter* lässt nur einen bestimmten Frequenzbereich durch und dämpft alle Frequenzen darüber und darunter. Wenn du aus einem Audiosignal nur die Frequenzen der menschlichen Stimme extrahieren möchtest, würdest du einen Bandpassfilter verwenden.
- Ein **Bandsperrfilter** (oder Notch-Filter) macht genau das Gegenteil eines Bandpassfilters: Er dämpft einen bestimmten Frequenzbereich und lässt alle anderen Frequenzen durch. Das ist nützlich, um ein störendes, sehr spezifisches Geräusch (wie das Brummen einer Stromleitung bei 50 Hz) zu entfernen.

Diese Filter sind die Grundbausteine, um digitale Signale gezielt zu bearbeiten.

2.4.2 FIR (Finite Impulse Response)-Filter: Eigenschaften, Entwurfsmethoden (Fenstermethode, Frequenzabtastmethode)

Es gibt zwei Haupttypen digitaler Filter: *FIR-Filter* und *IIR-Filter*. Ein FIR (Finite Impulse Response)-Filter ist ein Filter, dessen Impulsantwort (erinnerst du dich an den kurzen Knall?) nach einer endlichen Zeit auf null abklingt. Stell dir vor, du gibst einen kurzen Knall in einen FIR-Echo-Effekt, und das Echo klingt nach ein paar Sekunden komplett ab. Eine wichtige Eigenschaft von FIR-Filtern ist, dass sie *linearphasig* sein können.

Das bedeutet, dass sie alle Frequenzen im Signal um den gleichen Betrag verzögern, was wichtig ist, damit das Signal nach der Filterung nicht verzerrt klingt. Dein Soundingenieur im Tonstudio wird FIR-Filter oft bevorzugen, weil sie den Klang nicht „verbiegen".

Es gibt verschiedene Entwurfsmethoden für FIR Filter. Die *Fenstermethode* ist eine davon: Du startest mit einem idealen Frequenzgang (z. B. ein perfekter Tiefpass, der abrupt alles oberhalb einer bestimmten Frequenz abschneidet) und multiplizierst die Impulsantwort dieses idealen Filters mit einer „Fensterfunktion" (wie ein sanfter Übergang am Anfang und Ende), um die Impulsantwort des FIR-Filters zu begrenzen und unerwünschte Nebeneffekte zu minimieren. Die *Frequenzabtastmethode* ist eine andere Methode, bei der du den gewünschten Frequenzgang an bestimmten Punkten abtastest und daraus die Filterkoeffizienten ableitest. FIR-Filter sind sehr stabil und vielseitig, aber sie können eine höhere Rechenleistung erfordern als IIR-Filter, um die gleiche Filterwirkung zu erzielen.

2.4.3 IIR (Infinite Impulse Response)-Filter: Eigenschaften, Entwurfsmethoden (Butterworth, Chebyshev, elliptisch)

IIR (Infinite Impulse Response)-Filter sind der zweite Haupttyp. Im Gegensatz zu FIR-Filtern klingt die Impulsantwort eines IIR-Filters theoretisch nie vollständig ab, sondern schwingt unendlich lange aus, auch wenn die Schwingungen immer schwächer werden. Stell dir ein Echo vor, das immer leiser wird, aber nie ganz verstummt. Eine wichtige Eigenschaft von IIR-Filtern ist, dass sie im Allgemeinen energieeffizienter sind und mit weniger Rechenschritten eine sehr steile Filtercharakteristik erreichen können als FIR-Filter. Das ist wie ein Filter, der mit weniger Bauteilen die gleiche Wirkung erzielt.

Der Entwurf von IIR-Filtern ist komplexer und basiert oft darauf, analoge Filter (wie sie in alten Radioempfängern verwendet wurden) in digitale Filter umzuwandeln. Es gibt verschiedene Entwurfsmethoden, die nach den Mathematikern benannt sind, die sie entwickelt haben, wie Butterworth-, Chebyshev- oder elliptische Filter. Jeder dieser Typen hat spezifische Eigenschaften in Bezug auf den Frequenzgang und die Welligkeit (wie glatt oder wellig die Filterkurve ist). Butterworth-Filter haben zum Beispiel einen sehr glatten Frequenzgang im Durchlassbereich, während Chebyshev-Filter steilere Übergänge, aber dafür eine gewisse Welligkeit aufweisen. IIR-Filter sind wegen ihrer Effizienz sehr beliebt, aber sie können schwieriger zu entwerfen sein, um linearphasig zu sein, und es muss auf ihre Stabilität geachtet werden.

2.4.4 Filterstrukturen und Implementierungsaspekte

Wenn ein Filter entworfen ist, muss er in einem Computerprogramm oder auf einem speziellen Chip, wie einem DSP, realsiert oder implementiert werden. Die Art und Weise, wie die mathematischen Operationen des Filters (Multiplikationen und Additionen) miteinander verbunden sind, nennt man *Filterstruktur*. Es gibt verschiedene Möglichkeiten, denselben Filter zu realisieren, und jede Struktur hat Vor- und Nachteile in Bezug auf Rechenaufwand, Speichernutzung oder Empfindlichkeit gegenüber Rundungsfehlern (die entstehen, wenn Zahlen in einem Computer gerundet werden).

Ein Implementierungsaspekt ist zum Beispiel die Wahl zwischen serieller und paralleler Verarbeitung. Bei der seriellen Verarbeitung werden die Berechnungen nacheinander durchgeführt, bei der parallelen Verarbeitung gleichzeitig. Ein anderer Aspekt ist die Verwendung von Festkomma- oder Gleitkommazahlen. Festkommazahlen sind einfacher für die Hardware, aber Gleitkommazahlen bieten mehr Genauigkeit. Diese Entscheidungen sind wichtig, um sicherzustellen, dass der digitale Filter in der Praxis effizient und präzise arbeitet, sei es in einem Hörgerät, das den Schall in Echtzeit filtert, oder in einem Navigationssystem, das GPS-Signale aufbereitet.

Literaturhinweise zu 2.4 Entwurf und Realisierung Digitaler Filter

- **Oppenheim, A. V., & Schafer, R. W. (1999).** ***Discrete-Time Signal Processing*** **(2nd ed.). Prentice Hall.** Dieses Lehrbuch ist eine grundlegende Ressource für den Entwurf und die Realisierung digitaler Filter. Es behandelt die Grundlagen digitaler Filter (Tiefpass, Hochpass etc.), die Eigenschaften von FIR- und IIR-Filtern, deren Entwurfsmethoden (Fenstermethode, Butterworth, Chebyshev) sowie verschiedene Filterstrukturen und Implementierungsaspekte.
- **Proakis, J. G., & Manolakis, D. G. (2007).** ***Digital Signal Processing: Principles, Algorithms and Applications*** **(4th ed.). Pearson Prentice Hall.** Dieses Buch bietet ebenfalls eine detaillierte Abhandlung über den Entwurf und die Realisierung digitaler Filter. Es erklärt die Unterschiede zwischen FIR- und IIR-Filtern, ihre Entwurfstechniken und die praktischen Implementierungsaspekte, die bei der Anwendung von Filtern in realen Systemen zu berücksichtigen sind.
- **Lyons, R. G. (2011).** ***Understanding Digital Signal Processing*** **(3rd ed.). Prentice Hall.** Dieses Buch ist für seine anschauliche Darstellung bekannt und erklärt die Grundlagen digitaler Filter und ihre Funktionsweisen sehr intuitiv. Es bietet praktische Einblicke in den Filterentwurf und die Eigenschaften von FIR- und IIR-Filtern auf eine leicht verständliche Weise.

2.5 Statistische Signalverarbeitung und Schätzung

Nicht alle Signale sind perfekt und vorhersehbar. Viele Signale in der realen Welt sind mit Rauschen durchsetzt oder haben eine gewisse Zufälligkeit. Hier kommt die *Statistische Signalverarbeitung* ins Spiel. Sie nutzt mathematische Werkzeuge, um mit diesen zufälligen Aspekten von Signalen umzugehen und dennoch nützliche Informationen zu gewinnen oder unbekannte Parameter zu schätzen.

2.5.1 Zufallsprozesse und ihre Charakterisierung (Mittelwert, Korrelation, Spektrale Dichte)

Stell dir vor, du misst das Geräusch eines Wasserfalls über einen längeren Zeitraum. Das Geräusch ist nicht immer genau gleich, es hat zufällige Schwankungen. Das ist ein Zufallsprozess. Solche Prozesse können wir nicht exakt vorhersagen, aber wir können sie statistisch beschreiben und charakterisieren.

Dabei helfen uns Begriffe wie der *Mittelwert*, der einfach den Durchschnitt der Signalwerte über die Zeit angibt. Stell dir vor, du misst die Lautstärke des Wasserfalls immer wieder und berechnest dann die durchschnittliche Lautstärke.

Die *Korrelation* beschreibt, wie stark zwei Teile eines Signals (oder zwei verschiedene Signale) miteinander zusammenhängen. Die *Autokorrelation* sagt dir, wie ähnlich ein Signal sich selbst zu verschiedenen Zeitpunkten ist. Wenn der Wasserfall ein wiederkehrendes Rauschen hat, würde die Autokorrelation das aufzeigen. Die *Kreuzkorrelation* sagt dir, wie ähnlich zwei verschiedene Signale zueinander sind. Wenn du zum Beispiel ein Mikrofon hast, das ein echtes Signal empfängt, und ein anderes Mikrofon, das nur Rauschen empfängt, könntest du mit der Kreuzkorrelation sehen, wie stark das Rauschen im echten Signal mit dem reinen Rauschen übereinstimmt, um es dann vielleicht zu entfernen.

Die *Spektrale Dichte* (oder Leistungsdichte) eines Zufallsprozesses sagt dir, wie die Leistung des Signals über verschiedene Frequenzen verteilt ist. Auch wenn das Rauschen zufällig ist, kann es sein, dass es bestimmte Frequenzen stärker beeinflusst als andere. Stell dir vor, du hörst das Rauschen eines Wasserfalls: Die Spektrale Dichte würde dir zeigen, ob es eher tiefe oder hohe Frequenzen dominiert. Diese Charakterisierungen helfen uns, Rauschen zu modellieren und zu verstehen, damit wir es später filtern oder nützliche Informationen aus verrauschten Signalen gewinnen können.

2.5.2 Schätzung von Signalparametern (z. B. Maximum Likelihood, Bayes-Schätzer)

Oft wollen wir aus einem verrauschten Signal bestimmte, unbekannte Signalparameter schätzen. Stell dir vor, du hast ein Funksignal mit viel Rauschen, und du möchtest die genaue Frequenz des Senders bestimmen. Du kannst die Frequenz nicht direkt ablesen, weil das Rauschen stört. Hier kommen Schätzverfahren ins Spiel.

Ein wichtiges Schätzverfahren ist der *Maximum-Likelihood-Schätzer*. Er versucht, den Parameterwert zu finden, der am wahrscheinlichsten zu den beobachteten, verrauschten Daten geführt hätte. Stell dir vor, du hast verschiedene Würfel zur Auswahl und du hast fünfmal eine 6 gewürfelt. Der Maximum-Likelihood-Schätzer würde sagen: Am wahrscheinlichsten ist es, dass du den gezinkten Würfel benutzt hast, der oft eine 6 zeigt.

Ein anderer Ansatz ist der *Bayes-Schätzer*. Dieser berücksichtigt nicht nur die aktuellen Messdaten, sondern auch Vorkenntnisse oder Annahmen über den zu schätzenden Parameter. Stell dir vor, du weißt bereits, dass ein bestimmter Funksender normalerweise auf einer Frequenz zwischen 100 und 101 Megahertz sendet. Der Bayes-Schätzer würde diese Vorkenntnis nutzen, um die Schätzung aus den verrauschten Daten noch genauer zu machen. Diese Schätzverfahren sind grundlegend für Anwendungen wie die präzise Positionsbestimmung mittels GPS (wo Satellitensignale verrauscht sind) oder die Detektion sehr schwacher Signale.

2.5.3 Wiener-Filter und Kalman-Filter als Einführung

Um Rauschen aus Signalen zu entfernen oder fehlende Signalteile zu rekonstruieren, gibt es spezialisierte Filter, die auf statistischen Prinzipien basieren.

Der *Wiener-Filter* ist ein klassischer Filter, der darauf ausgelegt ist, Rauschen aus einem Signal zu entfernen, wenn man die statistischen Eigenschaften des Signals und des Rauschens kennt. Stell dir vor, du hast eine Audioaufnahme, die von einem konstanten Brummen (Rauschen) gestört wird. Der Wiener-Filter kann dieses Brummen optimal unterdrücken, indem er die Frequenzen verstärkt, in denen das gewünschte Signal stark ist, und die Frequenzen dämpft, in denen das Rauschen dominiert. Er minimiert den mittleren quadratischen Fehler zwischen dem gefilterten Signal und dem ursprünglichen, rauschfreien Signal.

Der *Kalman-Filter* ist noch mächtiger und wird oft verwendet, um den Zustand eines Systems aus verrauschten Messungen zu schätzen, insbesondere wenn sich der Zustand des Systems über die Zeit ändert. Stell dir vor, du möchtest die genaue Position und Geschwindigkeit eines sich bewegenden Autos bestimmen, basierend auf GPS-Messungen, die fehlerhaft sein können, und Sensordaten, die ebenfalls ungenau sind. Der Kalman-Filter „fusioniert" diese verrauschten Messungen mit einem Modell der Bewegung des Autos, um eine viel genauere Schätzung der tatsächlichen Position und

Geschwindigkeit zu erhalten. Er ist wie ein intelligenter Navigator, der nicht nur auf die aktuellen, ungenauen Messwerte schaut, sondern auch berücksichtigt, wohin sich das Auto wahrscheinlich bewegen wird. Der Kalman-Filter ist fundamental für Anwendungen wie die Navigation von Drohnen, die Spurführung in autonomen Fahrzeugen oder die Flugzeugnavigation.

Literaturhinweise zu 2.5 Statistische Signalverarbeitung und Schätzung

- **Hayes, M. H. (1999).** ***Statistical Digital Signal Processing and Modeling.*** **John Wiley & Sons.** Dieses Buch ist ein Standardwerk der Statistischen Signalverarbeitung. Es behandelt umfassend Zufallsprozesse und ihre Charakterisierung (Mittelwert, Korrelation, Spektrale Dichte) sowie die Schätzung von Signalparametern (Maximum Likelihood, Bayes-Schätzer). Zudem bietet es eine Einführung in den Wiener-Filter und den Kalman-Filter.
- **Therrien, C. W. (1992).** ***Discrete Random Signals and Statistical Signal Processing.*** **Prentice Hall.** Eine weitere detaillierte Quelle, die sich auf die Theorie der diskreten Zufallssignale und die statistische Signalverarbeitung konzentriert. Sie vertieft das Verständnis der Charakterisierung von Zufallsprozessen und den mathematischen Grundlagen von Schätzverfahren.
- **Kay, S. M. (1993).** ***Fundamentals of Statistical Signal Processing, Volume I: Estimation Theory.*** **Prentice Hall.** Dieses Buch konzentriert sich speziell auf die Schätztheorie in der statistischen Signalverarbeitung. Es erklärt die Prinzipien von Maximum Likelihood- und Bayes-Schätzern und ihre Anwendung bei der Bestimmung unbekannter Signalparameter aus verrauschten Daten.
- **Welch, G., & Bishop, G. (2006).** ***An Introduction to the Kalman Filter.*** **University of North Carolina at Chapel Hill, TR 95–041.** Dieses häufig zitierte technische Papier bietet eine sehr zugängliche und intuitive Einführung in den Kalman-Filter. Es erklärt seine Funktionsweise und Bedeutung für die Schätzung von Zuständen in dynamischen Systemen aus verrauschten Messungen, was ihn zu einem unverzichtbaren Werkzeug in der Navigation und Regelung macht.

2.6 Adaptive Signalverarbeitung

In der realen Welt ändern sich Signalumgebungen ständig. Das Rauschen ist nicht immer gleich, die Funkverbindung variiert, oder sich bewegende Objekte erzeugen neue Störungen. Normale, feste Filter sind hier schnell überfordert. Hier kommt die *Adaptive Signalverarbeitung* ins Spiel. Systeme, die adaptiv sind, können sich selbst an verändernde Bedingungen anpassen.

2.6.1 Konzept adaptiver Systeme

Stell dir ein adaptives System wie ein intelligentes Hörgerät vor. Ein einfaches Hörgerät verstärkt alle Töne gleichermaßen. Ein adaptives Hörgerät kann jedoch erkennen, ob du dich in einem ruhigen Raum befindest, in einem lauten Restaurant oder auf einer belebten Straße. Es passt seine Filter und Verstärkung automatisch an die jeweilige Umgebung an, um die Sprachverständlichkeit zu maximieren und störende Geräusche zu minimieren. Das ist das Konzept adaptiver Systeme: Sie sind lernfähig und können ihre eigenen Parameter ändern, um ihre Leistung in einer sich verändernden Umgebung zu optimieren. Sie benötigen also kein festes Modell der Umgebung, sondern lernen es im Betrieb.

2.6.2 Der LMS-Algorithmus (Least Mean Squares) und seine Varianten

Wie lernt ein adaptives System nun, sich anzupassen? Ein sehr wichtiger und weit verbreiteter Algorithmus dafür ist der LMS-Algorithmus (Least Mean Squares). Stell dir vor, du hast einen Echo-Unterdrücker in deinem Telefon. Wenn du sprichst, hört das Mikrofon auch ein Echo deiner eigenen Stimme, das vom Lautsprecher des Telefons des anderen Gesprächspartners zurückkommt. Der LMS-Algorithmus versucht, dieses Echo zu modellieren und dann zu unterdrücken.

Der Algorithmus funktioniert so: Er gibt eine Schätzung des Echos aus und vergleicht diese Schätzung mit dem tatsächlichen Echo, das er empfängt. Die Differenz zwischen der Schätzung und dem tatsächlichen Echo ist der „Fehler“. Der LMS-Algorithmus passt dann die Parameter seines Echo-Modells (seine internen Gewichte) schrittweise so an, dass dieser Fehler immer kleiner wird. Er minimiert dabei das Quadrat des Fehlers (daher „Least Mean Squares“). Es ist ein einfacher Lernprozess: Das System probiert etwas aus, sieht, wie groß der Fehler ist, und korrigiert sich dann, um den Fehler beim nächsten Mal kleiner zu machen. Es lernt also, sich durch kontinuierliche Korrektur anzupassen. Varianten des LMS-Algorithmus verbessern diese Anpassungsfähigkeit oder machen sie robuster gegenüber Rauschen. Der LMS-Algorithmus ist wegen seiner Einfachheit und Robustheit sehr beliebt und eine Grundlage vieler adaptiver Systeme.

2.6.3 Anwendungen: Echokompensation, Rauschunterdrückung, Systemidentifikation

Die *Adaptive Signalverarbeitung* findet in vielen praktischen Anwendungen Einsatz:

- **Echokompensation**: Wie im Beispiel des Telefons. In Freisprecheinrichtungen oder Videokonferenzsystemen ist es entscheidend, das eigene Echo aus dem Mikrofon zu

entfernen, damit das Gespräch klar bleibt. Adaptive Filter, oft basierend auf dem LMS-Algorithmus, lernen, das Echo zu erkennen und zu unterdrücken.
- **Rauschunterdrückung**: In Mikrofonen oder Kommunikationssystemen muss oft störendes Hintergrundrauschen entfernt werden, das sich ständig ändert. Ein adaptiver Rauschunterdrückungsfilter kann sich an die Art des Rauschens anpassen und es effizient eliminieren, ohne das gewünschte Sprachsignal zu beeinträchtigen. Stell dir vor, dein Mikrofon im Auto filtert automatisch den Straßenlärm heraus, damit deine Stimme klar ankommt.
- **Systemidentifikation**: Adaptive Systeme können auch verwendet werden, um unbekannte Eigenschaften eines Systems zu lernen. Stell dir vor, du möchtest die Übertragungseigenschaften eines Lautsprechers (wie er Klänge verändert) genau messen, aber der Raum, in dem du misst, hat auch Echos und Hall. Ein adaptiver Algorithmus kann lernen, die reinen Lautsprechereigenschaften zu identifizieren, indem er die Raumakustik „herausrechnet". Dies ist wichtig, um Modelle von Systemen zu erstellen, die für andere Anwendungen genutzt werden können.

Die adaptive Signalverarbeitung ist ein Brückenschlag zum Maschinellen Lernen, da sie bereits das Prinzip des Lernens und der Anpassung an unbekannte Umgebungen in die Signalverarbeitung einführt, ohne dass dafür immer explizite physikalische Modelle erforderlich sind.

Literaturhinweise zu 2.6 Adaptive Signalverarbeitung

- **Haykin, S. (2002).** ***Adaptive Filter Theory*** **(4th ed.). Prentice Hall.** Dieses Buch ist das Standardwerk der **Adaptiven Signalverarbeitung**. Es erläutert das Konzept adaptiver Systeme umfassend und beschreibt den LMS-Algorithmus (Least Mean Squares) und seine Varianten detailliert. Zudem werden zahlreiche Anwendungen wie Echokompensation, Rauschunterdrückung und Systemidentifikation behandelt.
- **Widrow, B., & Stearns, S. D. (1985).** ***Adaptive Signal Processing*****. Prentice Hall.** Dieses klassische Werk von den Erfindern des LMS-Algorithmus bietet einen tiefen Einblick in die Theorie und praktische Anwendungen der adaptiven Filter. Es ist eine grundlegende Quelle für das Verständnis des LMS-Algorithmus und seiner Bedeutung in der adaptiven Signalverarbeitung.
- **Honig, M. L., & Messerschmitt, D. G. (1984).** ***Adaptive Filters: Structures, Algorithms, and Applications*****. Kluwer Academic Publishers.** Dieses Buch bietet eine weitere umfassende Behandlung von adaptiven Filtern, ihren Strukturen, Algorithmen und Anwendungen. Es ist nützlich, um die verschiedenen Methoden der Anpassung und ihre praktischen Einsatzgebiete zu verstehen.

- **Greschner, S., & Bär, M. (2020). Machine Learning in Adaptive Signal Processing. *Foundations and Trends® in Signal Processing, 12*(2), 99–195.** Dieser neuere Übersichtsartikel schlägt die Brücke zwischen klassischer adaptiver Signalverarbeitung und Maschinellem Lernen. Er zeigt, wie moderne KI-Methoden die traditionellen adaptiven Algorithmen erweitern und neue Anwendungen in der Echokompensation oder Rauschunterdrückung ermöglichen.

Fundamentale Grundlagen der Künstlichen Intelligenz (KI) 3

3.1 Kernkonzepte und Geschichte der KI

3.1.1 Definitionen von Intelligenz im Kontext der KI

Bevor wir tief in die Welt der Künstlichen Intelligenz eintauchen, müssen wir uns fragen, was wir eigentlich unter *Intelligenz* verstehen, wenn wir sie auf Maschinen anwenden. Im menschlichen Kontext denken wir an die Fähigkeit zu lernen, Probleme zu lösen, sich anzupassen und Wissen anzuwenden. Für die KI ist es ähnlich, aber mit einem wichtigen Unterschied: wir versuchen, diese menschlichen Fähigkeiten in Software und Hardware nachzubilden.

Eine der frühesten und bekanntesten Definitionen ist der *Turing-Test*, benannt nach dem britischen Mathematiker Alan Turing. Stell dir vor, du chattest mit zwei Gesprächspartnern, die du nicht sehen kannst. Einer ist ein Mensch, der andere ein Computerprogramm. Wenn du nach einer Weile des Chattens nicht mehr feststellen kannst, wer von beiden der Mensch und wer die Maschine ist, dann hätte das Computerprogramm den Turing-Test bestanden. Hier geht es also darum, ob die Maschine menschliches Verhalten so überzeugend imitieren kann, dass der Unterschied verschwimmt.

Eine weitere Perspektive konzentriert sich auf das *rationale Denken*. Stell dir einen Computer vor, der Schach spielt. Er analysiert alle möglichen Züge und Gegen-Züge, um den besten Zug zu finden, der ihn dem Sieg näherbringt. Hierbei geht es darum, ob eine KI logisch und korrekt schlussfolgern kann, um die bestmöglichen Entscheidungen zu treffen. Das Ziel ist es, eine Maschine zu bauen, die immer vernünftig und optimal handelt, basierend auf den ihr zur Verfügung stehenden Informationen.

Schließlich gibt es noch die Sichtweise des *rationalen Handelns*. Stell dir ein autonomes Auto vor, das sicher durch den Verkehr navigiert, Hindernissen ausweicht und sein Ziel erreicht. Dabei ist es weniger wichtig, ob das Auto „denkt" wie ein Mensch, sondern

U. Karrenberg, *Das unzertrennliche Duo: Digitale Signalverarbeitung und Künstliche Intelligenz*, https://doi.org/10.1007/978-3-662-72296-1_3

ob es in der Lage ist, seine Ziele in einer komplexen Umgebung effizient und erfolgreich zu erreichen. Ein autonomes Fahrzeug, das sicher von A nach B fährt, ohne dabei Fehler zu machen, wäre ein Beispiel für rationales Handeln. Es geht also weniger darum, ob die Maschine „denkt" wie ein Mensch, sondern ob sie in der Lage ist, menschliche Aufgaben erfolgreich auszuführen.

Literaturhinweise zu 3.1.1 Definitionen von Intelligenz im Kontext der KI

- **Russell, S. J., & Norvig, P. (2020).** ***Artificial Intelligence: A Modern Approach*** **(4th ed.). Pearson.** Dieses Lehrbuch ist ein Standardwerk der Künstlichen Intelligenz und bietet umfassende Erläuterungen zu verschiedenen Definitionen von Intelligenz im Kontext der KI. Es diskutiert detailliert Ansätze wie rationales Handeln und rationales Denken.
- **Turing, A. M. (1950). Computing Machinery and Intelligence.** ***Mind, 59*****(236), 433–460.** Dieses wegweisende Papier von Alan Turing stellt den berühmten Turing-Test vor, der als frühe und einflussreiche Definition von Intelligenz im Kontext der Maschinen dient und bis heute eine wichtige Rolle in der Diskussion um KI-Fähigkeiten spielt.
- **Poole, D., & Mackworth, A. (2017).** ***Artificial Intelligence: Foundations of Computational Agents*** **(2nd ed.). Cambridge University Press.** Dieses Buch beleuchtet die Grundlagen der KI aus der Perspektive von „Computational Agents" und bietet eine weitere Sichtweise auf die Definitionen von Intelligenz als die Fähigkeit, rationale Handlungen in komplexen Umgebungen auszuführen.

3.1.2 Wichtige Meilensteine und „KI-Winter"

Die Geschichte der KI ist eine faszinierende Reise voller Höhen und Tiefen. Die *Geburtsstunde der KI* wird oft auf die Dartmouth Summer Research Project on Artificial Intelligence im Jahr 1956 datiert. Hier versammelten sich Wissenschaftler und prägten den Begriff „Künstliche Intelligenz". Die frühen Jahre waren von großem Optimismus geprägt, befeuert durch Erfolge wie *ELIZA*, ein Programm, das einfache Konversationen führen konnte, indem es Schlüsselwörter im Benutzereingang erkannte und vorprogrammierte Antworten gab, was den Eindruck eines Therapeuten erweckte. Ein weiteres Beispiel war der *General Problem Solver (GPS)*, der versuchte, allgemeine Problemlösungsstrategien zu entwickeln, indem er einen Startzustand und ein Ziel hatte und versuchte, die „Lücke" zwischen ihnen zu schließen, ähnlich wie ihr ein Problem in Mathe löst, indem ihr bekannte Schritte anwendet.

Doch dieser anfängliche Enthusiasmus stieß schnell an Grenzen. Die Computer der damaligen Zeit waren noch nicht leistungsfähig genug, um komplexe Probleme zu lösen, und die verwendeten Algorithmen waren oft zu starr. Stell dir vor, du versuchst, ein riesiges Puzzle mit nur ein paar festen Regeln zu lösen – das funktioniert nicht immer. Diese Ernüchterung führte zum ersten sogenannten *„KI-Winter“* in den 1970er Jahren. Die Finanzierung von KI-Projekten wurde drastisch gekürzt, und das Interesse der Öffentlichkeit ließ nach, so wie das Interesse an einem Spiel nachlässt, das zu schwierig oder frustrierend wird.

In den 1980er Jahren erlebte die KI einen erneuten Aufschwung, vor allem durch den Erfolg von Expertensystemen. Das waren Programme, die das Wissen von menschlichen Experten in bestimmten Bereichen abbildeten und für Schlussfolgerungen nutzten. *MYCIN* beispielsweise konnte Krankheiten diagnostizieren und Behandlungen vorschlagen. Es funktionierte, indem es eine Reihe von „Wenn-Dann“-Regeln verwendete, zum Beispiel: „WENN Patient Fieber hat UND Patient Husten hat DANN könnte es Grippe sein“. Japan startete das ehrgeizige „Fifth Generation Computer Systems“ Projekt, das eine neue Generation von intelligenten Computern anstrebte. Doch auch dieser Boom war nicht von Dauer. Die Expertensysteme erwiesen sich als unflexibel und schwer zu warten, ähnlich wie ein Regelbuch, das bei jeder kleinen Änderung in der Welt komplett neu geschrieben werden muss, und die Erwartungen an die „fünfte Generation“ wurden nicht erfüllt. Dies führte zu einem zweiten, längeren „KI-Winter“ in den späten 1980er und 1990er Jahren.

Erst im neuen Jahrtausend begann der erneute Aufstieg der KI, angetrieben durch exponentiell wachsende Rechenleistung, die Verfügbarkeit riesiger Datenmengen (denkt an all die Fotos und Videos, die online geteilt werden) und die Entwicklung neuer, leistungsfähigerer Algorithmen, insbesondere im Bereich des Maschinellen Lernens. Heute erleben wir eine echte Renaissance der KI, die unser tägliches Leben in vielen Bereichen durchdringt, von den Empfehlungen, die ihr auf Streaming-Diensten erhaltet, bis hin zu Sprachassistenten auf euren Handys.

Literaturhinweise zu 3.1.2 Wichtige Meilensteine und „KI-Winter“

- **Nilsson, N. J. (2010).** ***The Quest for Artificial Intelligence: A History of Ideas and Achievements.*** **Cambridge University Press.** Dieses Buch bietet eine ausgezeichnete historische Perspektive auf die Entwicklung der KI, beleuchtet die verschiedenen Epochen, die Erfolge und die Herausforderungen, einschließlich der sogenannten „KI-Winter“. Es ist eine Standardreferenz für die Geschichte des Fachgebiets.
- **Crevier, D. (1993).** ***AI: The Tumultuous Search for Artificial Intelligence.*** **Basic Books.** Dieses Werk beschreibt die turbulente Geschichte der KI-Forschung detailliert und geht auf die Perioden des Optimismus und der Enttäuschung ein, die zu den „KI-Wintern“ führten. Es beleuchtet wichtige Programme wie ELIZA und GPS.

- **Dreyfus, H. L. (1972). *What Computers Can't Do: A Critique of Artificial Reason.* MIT Press.** Dieses kritische Buch beeinflusste die erste Phase des „KI-Winters" maßgeblich. Es argumentierte, dass die damaligen KI-Ansätze grundlegende menschliche Fähigkeiten wie Intuition und Kontextverständnis nicht nachbilden könnten, und beleuchtet die Grenzen der frühen KI-Forschung.

3.1.3 Symbolische KI vs. Konnektionismus

Innerhalb der KI gab es historisch gesehen zwei große Denkschulen, die sich in ihrer Herangehensweise unterschieden: die *symbolische KI* und der *Konnektionismus.*

Die symbolische KI, auch bekannt als GOFAI (Good Old-Fashioned AI), dominierte die frühen Jahre der KI. Sie basierte auf der Idee, dass Intelligenz durch die Manipulation von Symbolen und Regeln erreicht werden kann. Stell dir vor, ein Computer „denkt" in einer Sprache, die aus festen Begriffen und klaren logischen Beziehungen besteht. Man stellte Wissen in Form von logischen Aussagen und Regeln dar, ähnlich wie in der menschlichen Sprache oder in einem strikten Regelwerk. Ein Expertensystem, das Wissen über Krankheiten in Regeln wie „WENN Patient Fieber hat UND Patient Husten hat DANN Patient könnte Grippe haben" speichert und dann logisch schlussfolgert, ist ein Paradebeispiel für symbolische KI. Der Fokus lag auf expliziter Wissensrepräsentation und logischem Schlussfolgern, ähnlich wie ein Richter, der ein Gesetzbuch anwendet, um ein Urteil zu fällen.

Der *Konnektionismus* hingegen, der in den letzten Jahrzehnten immer mehr an Bedeutung gewonnen hat, orientiert sich am Aufbau des menschlichen Gehirns. Er basiert auf *Neuronalen Netzen,* die aus vielen miteinander verbundenen künstlichen Neuronen bestehen, ähnlich den Nervenzellen in unserem Gehirn. Diese Neuronen verarbeiten Informationen parallel und lernen, indem sie die Stärke ihrer Verbindungen anpassen. Stell dir vor, ein Kind lernt, zwischen Katzen und Hunden zu unterscheiden, indem es viele Beispiele sieht und nicht, indem es eine Liste von Regeln („Katze hat spitze Ohren, Hund bellt") auswendig lernt. Anstatt explizite Regeln zu programmieren, lernen konnektionistische Systeme Muster aus Daten. Deep Learning, eine Unterkategorie des Maschinellen Lernens, ist ein modernes Beispiel für den Konnektionismus und hat in den letzten Jahren enorme Erfolge erzielt, insbesondere in Bereichen wie der Erkennung von Gesichtern auf Fotos oder der Verständnis gesprochener Sprache. Während die symbolische KI oft gut darin ist, klare, logische Probleme zu lösen, wie zum Beispiel die Lösung eines Sudoku-Rätsels nach festen Regeln, glänzt der Konnektionismus in der Verarbeitung von komplexen, unstrukturierten Daten, bei denen Mustererkennung entscheidend ist, wie zum Beispiel das Erkennen eines Freundes in einer Menschenmenge.

Literaturhinweise zu 3.1.3 Symbolische KI vs. Konnektionismus

- **Haugeland, J. (1985).** ***Artificial Intelligence: The Very Idea.*** **MIT Press.** Dieses Buch bietet eine philosophische und technische Einführung in die Grundideen der KI, insbesondere die Unterscheidung zwischen der symbolischen KI und ihren Annahmen über die Darstellung von Wissen im Computer. Es beleuchtet den Kern des „Good Old-Fashioned AI".
- **Rumelhart, D. E., Hinton, G. E., & Williams, R. J. (1986). Learning representations by back-propagating errors.** ***Nature, 323*****(6088), 533–536.** Dieses wegweisende Papier ist ein Meilenstein für den Konnektionismus. Es beschreibt den Backpropagation-Algorithmus, der das Training von mehrschichtigen neuronalen Netzen ermöglichte und die Grundlage für den modernen Erfolg des Deep Learning und den Aufschwung des Konnektionismus legte.
- **Minsky, M. L., & Papert, S. A. (1969).** ***Perceptrons: An Introduction to Computational Geometry.*** **MIT Press.** Dieses Buch, obwohl es die Grenzen des einfachen Perzeptrons aufzeigte und den frühen Konnektionismus bremste, ist historisch wichtig. Es veranschaulicht die damalige Debatte zwischen symbolischer KI (die das Buch kritisierte) und den frühen konnektionistischen Ideen.

3.2 Problemlösung durch Suchen

Ein zentrales Thema in der KI ist die Fähigkeit, Probleme zu lösen. Oft lässt sich ein Problem als eine Suche nach einer geeigneten Lösung in einem bestimmten Suchraum formulieren.

3.2.1 Suchräume und Suchstrategien

Stell dir vor, du bist in einem Videospiel und willst von deinem Startpunkt zum Zielpunkt auf der Karte gelangen. Es gibt viele verschiedene Wege, die du nehmen könntest, mit Abzweigungen, Hindernissen und vielleicht sogar Abkürzungen. Jede mögliche Abfolge von Entscheidungen, die dich von deinem Startpunkt zum Ziel bringen könnte, bildet einen Teil des Suchraums. Dieser Suchraum kann enorme Ausmaße annehmen, besonders bei komplexeren Problemen, so wie das Finden des besten Zuges in einer Schachpartie, wo es unzählige Möglichkeiten gibt. Ein Suchalgorithmus ist dann die Methode, mit der die KI diesen Raum systematisch durchsucht, um die beste Lösung zu finden – zum Beispiel den schnellsten oder kürzesten Weg.

Es gibt verschiedene *Suchstrategien*, die sich darin unterscheiden, wie sie den Suchraum erkunden. Einige Strategien sind „uninformiert", das heißt, sie haben keine zusätzliche Information über das Problem selbst, außer den Start- und Zielzustand und die möglichen Aktionen. Andere sind „informiert" und nutzen „Hinweise", sogenannte Heuristiken, um die Suche effizienter zu gestalten.

Literaturhinweise zu 3.2.1 Suchräume und Suchstrategien

- **Russell, S. J., & Norvig, P. (2020).** ***Artificial Intelligence: A Modern Approach*** **(4th ed.). Pearson.** Dieses Standardlehrbuch der KI widmet sich umfassend dem Thema Problemlösung durch Suchen. Es führt die Konzepte von Suchräumen und verschiedenen **Suchstrategien** detailliert ein und bildet die Grundlage für das Verständnis, wie KI Probleme löst.
- **Pearl, J. (1984).** ***Heuristics: Intelligent Search Strategies for Computer Problem Solving*****. Addison-Wesley.** Dieses klassische Werk fokussiert auf heuristische Suchstrategien. Es erklärt, wie „intelligente Hinweise" genutzt werden können, um die Effizienz der Suche in Suchräumen zu verbessern, und ist grundlegend für das Verständnis informierter Suche.
- **Nilsson, N. J. (1980).** ***Principles of Artificial Intelligence*****. Tioga Publishing Company.** Dieses ältere, aber immer noch relevante Buch bietet eine klare Einführung in die Suchstrategien in der KI. Es beleuchtet die Systematik, mit der Suchräume erkundet werden, und die verschiedenen Ansätze zur Problemlösung.

3.2.2 Uninformierte Suche (z. B. Breitensuche, Tiefensuche)

Uninformierte Suchstrategien sind wie ein blinder Mann, der einen Raum nach einem bestimmten Gegenstand absucht. Sie haben keine Ahnung, wo das Ziel liegt, und müssen daher jede Möglichkeit systematisch prüfen. Sie sind einfach zu verstehen, aber nicht immer die effizienteste Wahl.

Die *Breitensuche (Breadth-First Search, BFS)* erkundet den Suchraum Ebene für Ebene. Stell dir vor, du suchst in einem Labyrinth. Die Breitensuche würde zuerst alle Wege prüfen, die direkt vom Startpunkt abgehen (Ebene 1). Dann würde sie alle Wege prüfen, die von diesen ersten Wegen abzweigen (Ebene 2), und so weiter, bis sie das Ziel findet. Es ist, als würde man konzentrische Kreise von Möglichkeiten um den Startpunkt ziehen. Sie garantiert, den kürzesten Weg zu finden, wenn alle Schritte die gleiche „Kosten" haben, kann aber bei sehr großen Suchräumen sehr viel Zeit und Speicher benötigen, weil sie so viele Möglichkeiten gleichzeitig im Blick behält.

Die *Tiefensuche (Depth-First Search, DFS)* hingegen taucht so tief wie möglich in einen Pfad ein, bevor sie andere Pfade erkundet. Im Labyrinth-Beispiel würde die Tiefensuche einen Weg bis zum Ende gehen, solange sie vorankommt. Wenn dieser Weg nicht zum Ziel führt oder in einer Sackgasse endet, würde sie zurückgehen und den nächsten unerforschten Weg am letzten Abzweigpunkt nehmen. Stell dir vor, du folgst einem Faden durch das Labyrinth, und wenn du in einer Sackgasse landest, ziehst du den Faden zurück bis zur letzten Gabelung und nimmst einen anderen Faden. Die Tiefensuche benötigt oft weniger Speicherplatz als die Breitensuche, kann aber sehr lange dauern, wenn sie in einen „falschen" tiefen Pfad gerät, und findet nicht immer den kürzesten Weg, da sie sich „verrennen" kann, bevor sie den optimalen Weg findet.

Literaturhinweise zu 3.2.2 Uninformierte Suche

- **Russell, S. J., & Norvig, P. (2020).** ***Artificial Intelligence: A Modern Approach*** **(4th ed.). Pearson.** Dieses Lehrbuch bietet detaillierte Erklärungen zu uninformierten Suchalgorithmen wie der Breitensuche (BFS) und der Tiefensuche (DFS). Es veranschaulicht deren Funktionsweise und die jeweiligen Vor- und Nachteile bei der Problemlösung in verschiedenen Suchräumen.
- **Cormen, T. H., Leiserson, C. E., Rivest, R. L., & Stein, C. (2009).** ***Introduction to Algorithms*** **(3rd ed.). MIT Press.** Dieses Standardwerk der Informatik behandelt grundlegende Algorithmen, einschließlich der Breitensuche und Tiefensuche. Es erklärt deren Implementierung und Komplexität, was für das tiefergehende Verständnis dieser uninformierten Suchstrategien nützlich ist.
- **Hart, P. E., Nilsson, N. J., & Raphael, B. (1968). A Formal Basis for the Heuristic Determination of Minimum Cost Paths.** ***IEEE Transactions on Systems Science and Cybernetics, 4*****(2), 100–107.** Obwohl dieses Papier den A*-Algorithmus vorstellt (informierte Suche), legt es die Grundlage für die Diskussion von Suchstrategien im Allgemeinen und hilft, den Unterschied zwischen effizienten und weniger effizienten (uninformierten) Suchen zu verstehen.

3.2.3 Informierte (heuristische) Suche (z. B. A*-Algorithmus, Greedy-Suche)

Im Gegensatz dazu nutzen *informierte (heuristische) Suchstrategien* zusätzliches Wissen über das Problem, um die Suche zu lenken. Eine Heuristik ist eine Art Faustregel oder Schätzung, die uns hilft, die vielversprechendsten Pfade zu identifizieren. Stell dir vor, du suchst wieder den Weg zur Schule, aber diesmal hast du eine Stadtkarte vor dir und weißt, wo die Schule ist. Die Karte hilft dir, die richtige Richtung einzuschlagen und ineffiziente Wege zu vermeiden.

Die *Greedy-Suche (Best-First Search)* ist eine einfache heuristische Suche. Sie wählt bei jedem Schritt den Pfad, der nach einer bestimmten Heuristik dem Ziel am nächsten zu sein scheint. Stell dir vor, du läufst immer auf das Schulgebäude zu, auch wenn ein kleiner Umweg dich vielleicht schneller ans Ziel bringen würde, weil dort keine Baustelle ist. Sie ist schnell, aber nicht immer optimal, da sie sich von einer lokalen „optimalen" Entscheidung täuschen lassen kann und so das tatsächliche globale Optimum verfehlt. Sie ist wie jemand, der immer den Weg wählt, der auf den ersten Blick am besten aussieht, ohne weit vorauszudenken.

Der *A-Algorithmus** ist eine der bekanntesten und leistungsfähigsten informierten Suchstrategien. Er kombiniert die Vorteile der Breitensuche mit einer Heuristik. Stell dir vor, du nutzt die Karte, um den Weg zur Schule zu finden. Der A*-Algorithmus bewertet jeden möglichen Schritt nicht nur danach, wie weit er vom Start entfernt ist (die bisherigen Kosten), sondern auch, wie vielversprechend er laut Heuristik (deiner Schätzung der restlichen Entfernung) für das Erreichen des Ziels ist. Wenn die Heuristik „zulässig" ist (d. h. sie überschätzt nie die tatsächlichen Kosten bis zum Ziel, wie eine Landkarte, die nie kürzere Wege anzeigt, als sie tatsächlich sind), garantiert der A*-Algorithmus, den optimalen (kürzesten) Pfad zu finden, und das oft viel effizienter als uninformierte Suchen. Er ist ein fundamentales Werkzeug in vielen KI-Anwendungen, von der Routenplanung in Navigationssystemen bis zur Findung des besten Zugs in Videospielen.

Literaturhinweise zu 3.2.3 Informierte (heuristische) Suche

- **Russell, S. J., & Norvig, P. (2020).** ***Artificial Intelligence: A Modern Approach*** **(4th ed.). Pearson.** Dieses Lehrbuch bietet detaillierte Erklärungen zu informierten (heuristischen) Suchalgorithmen wie dem *A-Algorithmus** und der Greedy-Suche. Es erläutert die Konzepte von Heuristiken und deren Anwendung zur Effizienzsteigerung bei der Problemlösung.
- **Hart, P. E., Nilsson, N. J., & Raphael, B. (1968). A Formal Basis for the Heuristic Determination of Minimum Cost Paths.** ***IEEE Transactions on Systems Science and Cybernetics, 4*****(2), 100–107.** Dies ist das Originalpapier, das den *A-Algorithmus** vorstellt. Es ist ein wissenschaftlicher Meilenstein für die *informierte Suche* und hat die Entwicklung effizienter Suchstrategien in der KI maßgeblich beeinflusst.
- **Pearl, J. (1984).** ***Heuristics: Intelligent Search Strategies for Computer Problem Solving*****. Addison-Wesley.** Dieses klassische Werk fokussiert auf *heuristische Suchstrategien* und deren mathematische Grundlagen. Es erklärt, wie solche „intelligenten Hinweise" wie bei der *Greedy-Suche* oder dem *A-Algorithmus** genutzt werden, um die Effizienz der Suche zu verbessern.

3.3 Wissensrepräsentation und Logisches Schließen

Damit eine KI intelligent handeln kann, muss sie in der Lage sein, Wissen zu speichern, zu organisieren und daraus neue Erkenntnisse zu gewinnen. Dies geschieht durch Wissensrepräsentation und logisches Schließen.

3.3.1 Logik (Aussagenlogik, Prädikatenlogik)

Die *Logik* bildet die Grundlage für viele Formen der Wissensrepräsentation und des Schlussfolgerns in der KI. Sie bietet eine formale Sprache, um Aussagen über die Welt zu treffen und Beziehungen zwischen ihnen herzustellen, ähnlich wie Regeln in einem Computerspiel klar und eindeutig sein müssen.

Die *Aussagenlogik* ist die einfachste Form der Logik. Sie beschäftigt sich mit einfachen Aussagen, die entweder wahr oder falsch sind, und wie diese Aussagen durch logische Operatoren wie „UND", „ODER", „NICHT" und „IMPLIZIERT" miteinander verknüpft werden können. Stell dir vor, du hast zwei Lichtschalter. Aussage A: „Lichtschalter 1 ist an." Aussage B: „Lichtschalter 2 ist an." Die Aussage „Lichtschalter 1 ist an UND Lichtschalter 2 ist an" ist nur dann wahr, wenn beide einzelnen Aussagen wahr sind. Die Aussagenlogik ist nützlich für Probleme, bei denen wir nur die Wahrheit von einfachen Fakten wissen müssen, zum Beispiel, um zu entscheiden, ob ein Ampelsignal grün oder rot ist.

Die *Prädikatenlogik* (oder Prädikatenkalkül) ist mächtiger. Sie ermöglicht es uns, über Objekte, ihre Eigenschaften und Beziehungen zwischen ihnen zu sprechen. Anstatt nur zu sagen „Es regnet", können wir in der Prädikatenlogik ausdrücken: „Für alle X gilt: WENN X ein Mensch ist, DANN X ist sterblich." Hierbei ist „Mensch" ein Prädikat, das auf X zutrifft, und „sterblich" ist eine Eigenschaft. Dies ermöglicht es uns, allgemeinere Regeln zu formulieren und komplexere Schlussfolgerungen zu ziehen. Viele Expertensysteme und logikbasierte KI-Systeme verwenden die Prädikatenlogik, um Wissen darzustellen und zu verarbeiten, zum Beispiel, um aus einer Datenbank von Patientendaten allgemeine Muster über Krankheiten zu finden.

Literaturhinweise zu 3.3.1 Logik

- **Russell, S. J., & Norvig, P. (2020).** ***Artificial Intelligence: A Modern Approach*** **(4th ed.). Pearson.** Dieses Lehrbuch behandelt die Logik als grundlegendes Werkzeug für die Wissensrepräsentation und das logische Schließen in der KI. Es erläutert detailliert die Aussagenlogik und die Prädikatenlogik sowie deren Anwendung in KI-Systemen.

- **Genesereth, M. R., & Nilsson, N. J. (1987).** ***Logical Foundations of Artificial Intelligence.*** **Morgan Kaufmann.** Dieses Werk bietet eine tiefere Einführung in die logischen Grundlagen der Künstlichen Intelligenz. Es erklärt die Prinzipien der Prädikatenlogik und ihre Rolle beim Aufbau intelligenter Systeme, die logische Schlussfolgerungen ziehen können.
- **Enderton, H. B. (2001).** ***A Mathematical Introduction to Logic*** **(2nd ed.). Academic Press.** Dieses Buch bietet eine mathematische Perspektive auf die Logik. Obwohl es ein fortgeschritteneres Werk ist, legt es die präzisen Grundlagen der Aussagenlogik und Prädikatenlogik dar, die für das formale Verständnis der Wissensrepräsentation in der KI essenziell sind.

3.3.2 Regelbasierte Systeme und Expertensysteme

Regelbasierte Systeme sind eine direkte Anwendung der Logik in der KI. Sie bestehen aus einer Sammlung von „Wenn-Dann"-Regeln, die Wissen über ein bestimmtes Problemfeld enthalten. Ein solches System prüft, ob die Bedingungen einer Regel erfüllt sind, und wenn ja, führt es die entsprechende Aktion aus oder zieht eine Schlussfolgerung. Stell dir ein Programm vor, das dir bei der Diagnose von Computerproblemen hilft. Eine Regel könnte sein: „WENN der Computer nicht startet UND der Bildschirm schwarz bleibt DANN überprüfe das Netzkabel." Wenn beide Bedingungen zutreffen, gibt das System den Tipp, das Netzkabel zu prüfen.

Expertensysteme sind spezialisierte regelbasierte Systeme, die versuchen, das Wissen und die Schlussfolgerungsfähigkeiten menschlicher Experten in einem bestimmten Bereich (z. B. Medizin, Finanzberatung) nachzubilden. Sie bestehen typischerweise aus drei Hauptkomponenten: einer *Wissensbasis*, die die Regeln und Fakten enthält (wie ein riesiges Regelbuch für Ärzte); einer *Inferenzmaschine*, die die Regeln anwendet, um Schlussfolgerungen zu ziehen (wie ein Detektiv, der die Regeln des Buches nutzt, um einen Fall zu lösen); und einer *Erklärungskomponente*, die dem Benutzer erklärt, wie die Schlussfolgerung zustande gekommen ist (damit der Arzt versteht, warum das System eine bestimmte Diagnose vorschlägt). Obwohl Expertensysteme in den 1980er Jahren sehr populär waren, sind sie aufgrund ihrer Starrheit und des hohen Pflegeaufwands (jedes Mal, wenn sich Wissen ändert, muss das Regelbuch manuell aktualisiert werden) in vielen Bereichen durch Maschinelles Lernen abgelöst worden.

Literaturhinweise zu 3.3.2 Regelbasierte Systeme und Expertensysteme

- **Jackson, P. (1998).** ***Introduction to Expert Systems*** **(3rd ed.). Addison-Wesley.** Dieses Buch ist ein Standardwerk zu Expertensystemen. Es erklärt detailliert die Architektur, die Funktionsweise und die Anwendungen von regelbasierten Systemen und Expertensystemen in der KI, die auf expliziter Wissensrepräsentation beruhen.
- **Giarratano, J. C., & Riley, G. (2005).** ***Expert Systems: Principles and Programming*** **(4th ed.). Course Technology.** Eine weitere umfassende Einführung in die Prinzipien und die Programmierung von Expertensystemen. Es beleuchtet die Struktur von regelbasierten Systemen und die Rolle der Inferenzmaschine bei der Ableitung von Schlussfolgerungen.
- **Buchanan, B. G., & Shortliffe, E. H. (1984).** ***Rule-Based Expert Systems: The MYCIN Experiments of the Stanford Heuristic Programming Project.*** **Addison-Wesley.** Dieses Buch beschreibt die Entwicklung von MYCIN, einem der bekanntesten Expertensysteme. Es ist ein klassisches Beispiel für regelbasierte Systeme und illustriert deren Leistungsfähigkeit in der medizinischen Diagnostik.

3.3.3 Ontologien und Semantische Netze

Um Wissen besser zu strukturieren und Beziehungen zwischen Konzepten explizit zu machen, werden in der KI Ontologien und Semantische Netze verwendet.

Ein *Semantisches Netz* ist eine graphische Darstellung von Wissen, bei der Konzepte als Knoten (Kreise oder Kästchen) und Beziehungen zwischen ihnen als Kanten (Pfeile oder Linien) dargestellt werden. Zum Beispiel könnte ein Knoten „Hund“ mit einem Knoten „Säugetier“ durch die Kante „ist ein“ verbunden sein. Ein weiterer Knoten „Fido“ könnte mit „Hund“ durch die Kante „ist ein“ verbunden sein. Semantische Netze sind intuitiv und können helfen, komplexe Zusammenhänge visuell darzustellen, ähnlich einer Mindmap, aber mit klar definierten Beziehungen.

Eine *Ontologie* geht über ein einfaches semantisches Netz hinaus. Sie ist eine formale, explizite Spezifikation einer Begriffsbildung für ein Wissensgebiet. Das bedeutet, eine Ontologie definiert nicht nur Konzepte und ihre Beziehungen, sondern auch die Eigenschaften dieser Konzepte, Einschränkungen und Axiome. Stell dir eine sehr detaillierte und strenge Datenbank für ein bestimmtes Wissensgebiet vor. Zum Beispiel könnte eine medizinische Ontologie definieren, was eine Krankheit ist, welche Symptome sie haben kann (z. B. „Fieber hat eine Temperatur von über 38 Grad Celsius“) und welche Behandlungen möglich sind, und welche Behandlungen bei welchen Erkrankungen ausgeschlossen sind. Ontologien sind entscheidend für die Entwicklung des *Semantischen Webs*, wo sie helfen, Informationen so zu strukturieren, dass Maschinen sie verstehen und verarbeiten können. Sie ermöglichen es Systemen, Wissen zu teilen und zu integrieren, selbst wenn es aus unterschiedlichen Quellen stammt, ähnlich wie eine gemeinsame Sprache es verschiedenen Menschen ermöglicht, sich zu verständigen.

Literaturhinweise zu 3.3.3 Ontologien und Semantische Netze

- **Brachman, R. J., & Levesque, H. J. (2004).** ***Knowledge Representation and Reasoning*****. Morgan Kaufmann.** Dieses Buch bietet eine fundierte Einführung in die Wissensrepräsentation und das logische Schlussfolgern in der KI, mit detaillierten Erklärungen zu Semantischen Netzen als eine Form der Wissensdarstellung.
- **Sowa, J. F. (2000).** ***Knowledge Representation: Logical, Philosophical, and Computational Foundations*****. Brooks/Cole Publishing Company.** Dieses Werk vertieft das Verständnis von Wissensrepräsentation, insbesondere im Hinblick auf Ontologien und ihre Bedeutung für die Strukturierung und Organisation von Wissen für KI-Systeme. Es beleuchtet sowohl die logischen als auch die philosophischen Grundlagen.
- **Gruber, T. R. (1993). A translation approach to portable ontology specifications.** ***Knowledge Acquisition, 5*****(2), 199–220.** Dieses wegweisende Papier von Thomas Gruber hat maßgeblich zur modernen Definition und zum Verständnis von Ontologien beigetragen. Es erklärt ihre Rolle bei der Schaffung von geteilten und wiederverwendbaren Wissensmodellen in der KI.

3.4 Maschinelles Lernen (ML) – Das Rückgrat moderner KI

Maschinelles Lernen (ML) ist zweifellos das Herzstück der modernen Künstlichen Intelligenz. Anstatt explizit Programme für jede Aufgabe zu schreiben, ermöglichen ML-Algorithmen Computern, aus Daten zu lernen und ihre Leistung bei Aufgaben zu verbessern, ohne dass sie dafür explizit programmiert werden müssen. Stell dir vor, ein Computer lernt, Gesichter zu erkennen, nicht weil ihm jemand eine genaue Anleitung gibt, wie er Augen, Nase und Mund zu finden hat, sondern weil er Millionen von Bildern mit Gesichtern gezeigt bekommt und sich selbst die Regeln beibringt. Dies ist ein Paradigmenwechsel, der die KI-Forschung und -Anwendungen revolutioniert hat.

3.4.1 Grundlegende Konzepte: Daten, Merkmale, Training, Test, Validierung, Overfitting, Underfitting

Um maschinelles Lernen zu verstehen, müssen wir einige grundlegende Konzepte klären. Alles beginnt mit *Daten*. Daten sind die Rohinformationen, die der Maschine zum Lernen zur Verfügung gestellt werden. Das können Bilder von Tieren, Texte von Webseiten, Zahlenreihen von Sensoren oder was auch immer relevant ist, sein. Aus diesen Daten werden *Merkmale (Features)* extrahiert. Merkmale sind die relevanten Eigenschaften der Daten, die der Algorithmus zum Lernen verwendet. Wenn wir beispielsweise Bilder von Katzen und Hunden klassifizieren wollen, könnten Merkmale die Farbe des Fells, die Form der Ohren oder die Größe des Tieres sein. Bei Texten könnten es die Häufigkeit bestimmter Wörter oder die Länge von Sätzen sein.

Der Prozess des Lernens selbst wird als *Training* bezeichnet. Hierbei wird der ML-Algorithmus mit einer großen Menge von Daten „gefüttert", und er passt seine internen Parameter an, um Muster in diesen Daten zu erkennen und Vorhersagen zu treffen. Stell dir einen Schüler vor, der für eine Prüfung lernt, indem er viele Übungsaufgaben löst und dabei immer besser wird. Nach dem Training muss das Modell bewertet werden, um festzustellen, wie gut es gelernt hat. Dies geschieht in der Regel mit einem separaten *Testdatensatz*, der dem Modell während des Trainings nicht gezeigt wurde. Die Leistung des Modells auf dem Testdatensatz gibt uns eine Vorstellung davon, wie gut es sich auf neue, unbekannte Daten verallgemeinern lässt. Es ist wie eine echte Prüfung, bei der ihr Aufgaben bekommt, die ihr noch nie zuvor gesehen habt. Manchmal wird zusätzlich ein *Validierungsdatensatz* verwendet, um Hyperparameter des Modells (das sind Einstellungen, die man vor dem Training festlegt, wie die Anzahl der „Schüler" in einer Lerngruppe) zu optimieren, ohne den Testdatensatz zu „verschmutzen", damit die Endergebnisse der Prüfung fair bleiben.

Zwei wichtige Probleme, die beim Training von ML-Modellen auftreten können, sind *Overfitting* und *Underfitting*. *Overfitting* tritt auf, wenn das Modell die Trainingsdaten zu gut lernt, einschließlich des Rauschens und der Besonderheiten, die nicht repräsentativ für die allgemeine Datenverteilung sind. Das Modell „merkt" sich die Trainingsdaten, anstatt zu lernen, und kann dann auf neuen Daten keine guten Vorhersagen treffen. Stell dir vor, du lernst für eine Prüfung, indem du nur die alten Prüfungsfragen auswendig lernst, einschließlich kleiner Tippfehler, anstatt die Konzepte zu verstehen. Du würdest bei neuen Fragen wahrscheinlich versagen, weil du dich zu sehr an die spezifischen alten Fragen „angepasst" hast. *Underfitting* hingegen tritt auf, wenn das Modell zu einfach ist, um die zugrunde liegenden Muster in den Daten zu erfassen. Es hat nicht genug gelernt und kann weder auf den Trainingsdaten noch auf neuen Daten gute Leistungen erbringen. Es ist, als ob du für die Prüfung überhaupt nicht gelernt hättest oder die falschen Themen gelernt hättest, sodass du die Aufgaben nicht lösen kannst. Das Ziel beim maschinellen Lernen ist es, ein Modell zu finden, das gut auf den Trainingsdaten lernt und gleichzeitig gut auf neuen, unbekannten Daten verallgemeinerbar ist, also die Konzepte wirklich verstanden hat.

Literaturhinweise zu 3.4.1 Grundlegende Konzepte

- **Bishop, C. M. (2006). *Pattern Recognition and Machine Learning*. Springer.** Dieses Buch ist ein Standardwerk im Bereich des Maschinellen Lernens. Es behandelt detailliert die grundlegenden Konzepte wie Daten, Merkmale, Training, Test und die Probleme von Overfitting und Underfitting, die für das Verständnis des ML-Prozesses unerlässlich sind.
- **Hastie, T., Tibshirani, R., & Friedman, J. (2009). *The Elements of Statistical Learning: Data Mining, Inference, and Prediction* (2nd ed.). Springer.** Dieses umfassende Lehrbuch legt die statistischen Grundlagen des Maschinellen Lernens dar. Es erklärt die Bedeutung von Training-, Test- und Validierungsdatensätzen sowie die Phänomene von Overfitting und Underfitting aus einer statistischen Perspektive.
- **Goodfellow, I., Bengio, Y., & Courville, A. (2016). *Deep Learning*. MIT Press.** Dieses Buch, obwohl es sich auf Deep Learning konzentriert, erläutert die grundlegenden Konzepte des Maschinellen Lernens im Kontext neuronaler Netze. Es beschreibt, wie Daten und Merkmale verarbeitet werden und wie Overfitting und Underfitting beim Training von Modellen auftreten.

3.4.2 Überwachtes Lernen (Supervised Learning)

Überwachtes Lernen ist die häufigste Art des Maschinellen Lernens. Es ist vergleichbar mit einem Schüler, der von einem Lehrer mit Beispielen und den richtigen Antworten unterrichtet wird. Dem Algorithmus werden *gelabelte Daten* zur Verfügung gestellt, das heißt, jedes Datenbeispiel ist mit der korrekten Ausgabe oder dem korrekten Label versehen. Stell dir vor, du zeigst dem Computer Bilder von Hunden und sagst ihm jedes Mal: „Das ist ein Hund.“ Oder du zeigst ihm Bilder von Katzen und sagst: „Das ist eine Katze.“ Das Ziel des Modells ist es, die Beziehung zwischen den Eingabedaten und den Ausgabedaten zu lernen, um dann bei neuen Eingaben die richtige Ausgabe vorhersagen zu können.

3.4.2.1 Klassifikation: k-Nächste-Nachbarn (k-NN), Entscheidungsbäume, Support Vector Machines (SVMs), Logistische Regression

Klassifikation ist eine Aufgabe des überwachten Lernens, bei der das Modell eine Eingabe einer von mehreren vordefinierten Kategorien oder Klassen zuordnet. Wenn du ein Bild von einem Tier hast und das Modell bestimmen soll, ob es sich um eine Katze, einen Hund oder einen Vogel handelt, ist das eine Klassifikationsaufgabe.

Der *k-Nächste-Nachbarn (k-NN)*-Algorithmus ist ein einfacher, aber effektiver Klassifikator. Stell dir vor, du hast viele Punkte auf einem Blatt Papier, die entweder rot oder blau sind. Kommt ein neuer Punkt hinzu, schaust du dir die „k" (z. B. 3 oder 5) nächsten Punkte an, die dem neuen Punkt am nächsten liegen. Wenn die meisten davon rot sind, sagst du, der neue Punkt ist rot. k-NN klassifiziert ein neues Datenbeispiel, indem er seine k nächsten Nachbarn im Trainingsdatensatz identifiziert und dann die Klasse zuweist, die unter diesen Nachbarn am häufigsten vorkommt. Er „lernt" also nicht wirklich ein komplexes Modell, sondern speichert alle Trainingsdaten und vergleicht neue Daten mit ihnen, ähnlich wie ein Bibliothekar ein neues Buch nach den bereits vorhandenen ähnlichen Büchern einsortiert.

Entscheidungsbäume sind eine Art von Flussdiagramm, das Entscheidungen auf der Grundlage von Merkmalen trifft. Stell dir vor, du willst entscheiden, ob du heute Fahrrad fahren kannst. Der Entscheidungsbaum könnte fragen: „Regnet es?" (Ja/Nein). Wenn Ja: „Ist es starker Regen?" (Ja/Nein). Wenn Nein: „Ist es bewölkt?" (Ja/Nein). Jeder Knoten im Baum repräsentiert eine Frage zu einem Merkmal (z. B. Wetter), und jeder Zweig repräsentiert eine mögliche Antwort (z. B. „Ja, es regnet" oder „Nein, es regnet nicht"). Am Ende des Baumes befinden sich die Blätter, die die Klassenzuordnung enthalten (z. B. „Fahrrad fahren" oder „Nicht Fahrrad fahren"). Entscheidungsbäume sind leicht zu verstehen und zu interpretieren, da man den Entscheidungspfad nachvollziehen kann.

Support Vector Machines (SVMs) sind leistungsstarke Klassifikatoren, die versuchen, eine optimale Trennlinie oder -ebene (Hyperplane) zwischen verschiedenen Klassen in einem Datenraum zu finden. Stell dir vor, du hast rote und blaue Murmeln auf einem Tisch. Eine SVM würde versuchen, eine Linie zu finden, die die roten Murmeln von den blauen Murmeln so gut wie möglich trennt, und zwar mit dem größtmöglichen Abstand zu den Murmeln, die der Linie am nächsten sind. Sie sind besonders gut darin, klare Trennlinien zu finden, auch in komplexen Datensätzen.

Die *Logistische Regression*, obwohl das Wort „Regression" im Namen steckt, wird primär für Klassifikationsaufgaben verwendet, insbesondere für binäre Klassifikation (zwei Klassen, wie z. B. „Ja" oder „Nein", „Spam" oder „Kein Spam"). Sie modelliert die Wahrscheinlichkeit, dass ein Datenpunkt zu einer bestimmten Klasse gehört, und verwendet dann einen Schwellenwert (z. B. wenn die Wahrscheinlichkeit über 50 % liegt, ist es Klasse A, sonst Klasse B), um die endgültige Klassenzuordnung vorzunehmen. Sie ist sehr effizient und wird häufig in vielen Anwendungen eingesetzt, wie der Vorhersage, ob ein Kunde ein Produkt kaufen wird oder nicht.

3.4.2.2 Regression: Lineare Regression, Polynomiale Regression

Im Gegensatz zur Klassifikation, bei der eine Kategorie vorhergesagt wird, geht es bei der *Regression* darum, einen kontinuierlichen numerischen Wert vorherzusagen. Wenn du zum

Beispiel den Preis eines Hauses basierend auf seiner Größe, Lage und Anzahl der Zimmer vorhersagen willst, ist das eine Regressionsaufgabe, da der Preis ein kontinuierlicher Wert ist und nicht nur eine von wenigen Kategorien.

Die *Lineare Regression* ist der einfachste Regressionsalgorithmus. Stell dir vor, du hast Datenpunkte, die auf einem Diagramm verstreut sind, und du willst eine gerade Linie finden, die am besten durch diese Punkte passt. Die Lineare Regression versucht, eine gerade Linie zu finden, die die Beziehung zwischen den Eingabemerkmalen (z. B. Größe des Hauses) und dem Ausgabewert (Preis) am besten darstellt. Sie geht davon aus, dass es eine lineare Beziehung gibt, wie bei einer Steigerung des Preises pro Quadratmeter.

Die *Polynomiale Regression* ist eine Erweiterung der linearen Regression, die es ermöglicht, auch nicht-lineare Beziehungen zwischen den Variablen zu modellieren, indem sie polynomiale Terme in die Gleichung aufnimmt. Stell dir vor, die Beziehung zwischen Hausgröße und Preis ist keine gerade Linie, sondern eine Kurve. Die Polynomiale Regression kann diese Kurve besser anpassen, indem sie zum Beispiel auch das Quadrat der Größe berücksichtigt. Das ermöglicht eine flexiblere Anpassung an die Daten, kann aber auch zu Overfitting führen, wenn der Grad des Polynoms zu hoch gewählt wird, ähnlich wie eine Linie, die zu viele „Zacken“ hat, um sich perfekt an jeden einzelnen Datenpunkt anzupassen, anstatt den allgemeinen Trend zu erfassen.

3.4.2.3 Ensemble-Methoden (Bagging, Boosting, Random Forests)

Ensemble-Methoden sind eine leistungsstarke Technik im Maschinellen Lernen, die die Vorhersagen mehrerer Einzelmodelle kombiniert, um eine bessere Gesamtleistung zu erzielen, als es ein einzelnes Modell könnte. Das Prinzip ist ähnlich wie bei einem Team von Experten, das zusammenarbeitet, um eine bessere Entscheidung zu treffen als ein einzelner Experte.

Bagging (Bootstrap Aggregating) ist eine Ensemble-Methode, bei der mehrere Versionen desselben Modells auf unterschiedlichen Stichproben des Trainingsdatensatzes trainiert werden. Stell dir vor, du hast eine Klasse von Schülern. Anstatt nur einen Schüler eine Aufgabe lösen zu lassen, lasst ihr 10 verschiedene Schüler die Aufgabe lösen. Jeder Schüler hat dafür eine leicht unterschiedliche Version des Arbeitsblatts bekommen. Die Vorhersagen dieser einzelnen Modelle werden dann aggregiert (z. B. gemittelt bei Regression oder durch Abstimmung bei Klassifikation), um die endgültige Vorhersage zu erhalten. Der *Random Forest* ist ein populäres Beispiel für Bagging, bei dem viele Entscheidungsbäume trainiert werden, die jeweils auf einer zufälligen Teilmenge der Daten und Merkmale basieren. Wenn diese Bäume eine Klassifikation vornehmen, stimmt die Mehrheit der Bäume über das Ergebnis ab.

Boosting ist eine weitere Ensemble-Methode, die schwache Lernalgorithmen sequentiell zu einem starken Lernalgorithmus kombiniert. Stell dir vor, du hast wieder Schüler, die eine Aufgabe lösen sollen. Der erste Schüler macht Fehler. Dann bekommt ein zweiter Schüler die Aufgabe, sich besonders auf die Fehler des ersten Schülers zu konzentrieren. Der dritte Schüler konzentriert sich auf die verbleibenden Fehler, und so weiter.

Jedes nachfolgende Modell konzentriert sich dabei auf die Fehler der vorherigen Modelle, wodurch die Gesamtleistung schrittweise verbessert wird. Algorithmen wie Gradient Boosting Machines (GBM) und XGBoost sind Beispiele für Boosting und haben sich in vielen Wettbewerben als äußerst erfolgreich erwiesen.

Literaturhinweise zu 3.4.2 Überwachtes Lernen

- **Bishop, C. M. (2006).** ***Pattern Recognition and Machine Learning*****. Springer.** Dieses Standardwerk für Mustererkennung und Maschinelles Lernen behandelt detailliert das überwachte Lernen. Es erklärt umfassend die Konzepte von Klassifikation (einschließlich Logistischer Regression, Support Vector Machines und k-Nächste-Nachbarn) und Regression (einschließlich Linearer Regression und Polynomialer Regression).
- **Hastie, T., Tibshirani, R., & Friedman, J. (2009).** ***The Elements of Statistical Learning: Data Mining, Inference, and Prediction*** **(2nd ed.). Springer.** Dieses umfassende Lehrbuch bietet eine tiefgehende statistische Perspektive auf das überwachte Lernen. Es erläutert die verschiedenen Algorithmen für Klassifikation (wie Entscheidungsbäume und SVMs) und Regression und geht auch auf Ensemble-Methoden wie Bagging, Boosting und Random Forests ein.
- **Breiman, L. (2001). Random Forests.** ***Machine Learning, 45*****(1), 5–32.** Dieses grundlegende Papier stellt den Random Forest-Algorithmus vor, ein herausragendes Beispiel für eine Ensemble-Methode (Bagging). Es erklärt, wie die Kombination mehrerer Entscheidungsbäume die Vorhersagegenauigkeit verbessern kann und ist eine Schlüsselreferenz für dieses Thema.
- **Cortes, C., & Vapnik, V. (1995). Supportvector networks.** ***Machine Learning, 20*****(3), 273–297.** Dieses wegweisende Papier führt die Support Vector Machines (SVMs) ein, einen der leistungsfähigsten Algorithmen für die Klassifikation im überwachten Lernen. Es beschreibt, wie SVMs optimale Trennlinien finden, um Daten zu klassifizieren.

3.4.3 Unüberwachtes Lernen (Unsupervised Learning)

Im Gegensatz zum überwachten Lernen werden beim unüberwachten Lernen dem Algorithmus keine gelabelten Daten zur Verfügung gestellt. Das Ziel ist es, Muster, Strukturen oder verborgene Beziehungen in den Daten zu entdecken, ohne dass ein Mensch die „richtigen" Antworten vorgegeben hat. Es ist, als ob ein Kind in einem neuen Raum voller Spielzeuge ist und anfängt, sie nach Farben, Formen oder Größen zu sortieren, ohne dass ihm jemand sagt, wie die Spielzeuge heißen oder wie sie sortiert werden sollen. Der Computer muss selbst herausfinden, was zusammengehört.

3.4.3.1 Clustering: k-Means, DBSCAN, Hierarchisches Clustering

Clustering ist eine Hauptaufgabe des unüberwachten Lernens. Dabei geht es darum, ähnliche Datenpunkte zu Gruppen (Clustern) zusammenzufassen, sodass Datenpunkte innerhalb eines Clusters ähnlicher zueinander sind als zu Datenpunkten in anderen Clustern. Stell dir vor, du hast eine große Sammlung von Online-Nachrichtenartikeln, und ein Algorithmus soll ähnliche Artikel ohne vorherige Kategorisierung zusammenfassen, zum Beispiel alle Artikel über Sport in einem Cluster und alle über Politik in einem anderen.

k-Means ist ein weit verbreiteter Clustering-Algorithmus. Er teilt die Daten in k vordefinierte Cluster auf, wobei jeder Datenpunkt dem Cluster zugewiesen wird, dessen Mittelpunkt (Schwerpunkt) ihm am nächsten liegt. Stell dir vor, du hast eine Gruppe von Schülern und willst sie in k (z. B. 3) Gruppen aufteilen. Du wählst zuerst k zufällige „Anführer". Dann geht jeder Schüler zum Anführer, der ihm am nächsten steht. Danach bewegen sich die Anführer an den Mittelpunkt ihrer jeweiligen Gruppe, und der Prozess wird wiederholt, bis sich die Gruppen nicht mehr wesentlich ändern.

DBSCAN (Density-Based Spatial Clustering of Applications with Noise) ist ein Clustering-Algorithmus, der Cluster auf der Grundlage der Dichte von Datenpunkten bildet. Stell dir vor, du siehst Sterne am Nachthimmel. DBSCAN würde eng beieinander liegende, dichte Sterngruppen als Sternhaufen erkennen und einzelne, weit entfernte Sterne als Rauschen oder Ausreißer ignorieren. Er ist besonders nützlich, um Cluster beliebiger Form zu finden und Ausreißer (Rauschen) zu identifizieren, die zu keinem Cluster gehören.

Hierarchisches Clustering erstellt eine Baumstruktur von Clustern, die als Dendrogramm bezeichnet wird. Es kann entweder agglomerativ (beginnend mit einzelnen Datenpunkten und schrittweise zusammenführend, ähnlich wie man einzelne Blätter zu einem Zweig, dann zu einem Ast und schließlich zu einem Baum zusammensetzt) oder divisiv (beginnend mit einem großen Cluster und schrittweise teilend, wie das Zerlegen eines Baumes in immer kleinere Teile) sein. Es bietet eine hierarchische Sicht auf die Daten und ist nützlich, um verschiedene Granularitätsebenen der Cluster zu untersuchen, zum Beispiel, um erst breite Kategorien von Filmen zu finden und dann Unterkategorien innerhalb dieser.

3.4.3.2 Dimensionsreduktion: Hauptkomponentenanalyse (PCA), t-SNE

Die *Dimensionsreduktion* ist eine Technik, die darauf abzielt, die Anzahl der Merkmale (Dimensionen) in einem Datensatz zu reduzieren, während so viel wie möglich von der ursprünglichen Information erhalten bleibt. Stell dir vor, du hast viele Informationen über ein Haus – die genaue Größe jedes Zimmers, die Farbe jeder Wand, die Art jeder Fliese. Viele dieser Details sind vielleicht nicht so wichtig, um den Wert des Hauses zu schätzen. Diese Technik ist wichtig, da Datensätze oft Hunderte oder sogar Tausende von Dimensionen haben können, was die Analyse erschwert und die Rechenzeit erhöht.

Die *Hauptkomponentenanalyse (PCA)* ist eine lineare Dimensionsreduktionstechnik. Stell dir vor, du hast Datenpunkte in einem 3D-Raum, und du willst sie auf eine 2D-Ebene projizieren, ohne zu viel Information zu verlieren. PCA transformiert die ursprünglichen Merkmale in einen neuen Satz von unkorrelierten Merkmalen, die als Hauptkomponenten bezeichnet werden. Die ersten Hauptkomponenten erfassen dabei den Großteil der Varianz (also der Unterschiede) in den Daten. PCA ist nützlich, um Rauschen zu reduzieren, die Visualisierung von Hochdimensionalen Daten zu ermöglichen (z. B. um 100 Merkmale in einem 2D-Diagramm darzustellen) und die Effizienz von nachfolgenden Machine-Learning-Algorithmen zu verbessern.

t-SNE (t-distributed Stochastic Neighbor Embedding) ist eine nicht-lineare Dimensionsreduktionstechnik, die besonders gut geeignet ist, hochdimensionale Daten für die Visualisierung in zwei oder drei Dimensionen abzubilden. Stell dir vor, du hast eine Karte von Europa, und du willst die Länder so auf eine sehr kleine Karte zeichnen, dass die Nachbarschaftsbeziehungen (wer ist Nachbar von wem) so gut wie möglich erhalten bleiben, auch wenn die genauen Entfernungen sich ändern. t-SNE versucht, die lokalen Nachbarschaftsbeziehungen in den Hochdimensionalen Daten in der reduzierten Dimension beizubehalten, wodurch Cluster und Muster sichtbar werden, die mit linearen Methoden schwer zu erkennen wären, beispielsweise um zu sehen, wie sich ähnliche Gen-Ausdrücke in einer riesigen biologischen Datenbank gruppieren.

3.4.3.3 Assoziationsregeln (z. B. Apriori-Algorithmus)

Assoziationsregeln sind eine Technik des unüberwachten Lernens, die darauf abzielt, Beziehungen zwischen Elementen in großen Datensätzen zu finden. Ein klassisches Beispiel ist die Analyse von Warenkörben im Supermarkt: „Kunden, die Bier kaufen, kaufen oft auch Windeln." Diese Regel könnte dem Supermarkt helfen, Bier und Windeln in der Nähe zueinander zu platzieren.

Der *Apriori-Algorithmus* ist ein bekannter Algorithmus zur Generierung von Assoziationsregeln. Er findet „häufige Itemsets", das sind Gruppen von Elementen, die oft zusammen in Transaktionen vorkommen. Zuerst findet er alle einzelnen Artikel, die häufig gekauft werden. Dann kombiniert er diese zu Paaren, dann zu Dreiergruppen und so weiter, immer nur die, die häufig zusammen gekauft werden. Aus diesen häufigen Itemsets werden dann Assoziationsregeln generiert, die angeben, wie wahrscheinlich es ist, dass das eine Element gekauft wird, wenn das andere Element gekauft wurde. Assoziationsregeln sind nützlich für *Empfehlungssysteme* (z. B. „Wer diesen Film mochte, mag vielleicht auch diesen"), Produktplatzierung im Einzelhandel und viele andere Anwendungen, bei denen die Entdeckung von Mustern in großen Transaktionsdaten wichtig ist.

Literaturhinweise zu 3.4.3 Unüberwachtes Lernen

- **Bishop, C. M. (2006). *Pattern Recognition and Machine Learning*. Springer.** Dieses Standardwerk für Mustererkennung und Maschinelles Lernen behandelt detailliert das unüberwachte Lernen. Es erklärt umfassend die Konzepte von

Clustering (einschließlich k-Means, DBSCAN und Hierarchischem Clustering) und Dimensionsreduktion (einschließlich Hauptkomponentenanalyse (PCA)).

- **Aggarwal, C. C., & Reddy, C. K. (Eds.). (2014).** ***Data Mining: The Textbook.*** **Springer.** Dieses Lehrbuch widmet sich umfassend dem Data Mining und behandelt darin die Konzepte des unüberwachten Lernens, insbesondere Clustering-Algorithmen und die Entdeckung von Assoziationsregeln mit dem Apriori-Algorithmus.
- **Van der Maaten, L. J. P., & Hinton, G. (2008). Visualizing Data using t-SNE.** ***Journal of Machine Learning Research, 9*****, 2579–2605.** Dieses wegweisende Papier stellt t-SNE vor, einen der populärsten Algorithmen für die nichtlineare Dimensionsreduktion. Es erklärt, wie t-SNE hochdimensionale Daten für die Visualisierung sinnvoll abbilden kann, was für das Verständnis komplexer Datensätze im unüberwachten Lernen entscheidend ist.
- **Ester, M., Kriegel, H. P., Sander, J., & Xu, X. (1996). A Density-Based Algorithm for Discovering Clusters in Large Spatial Databases with Noise.** ***Proceedings of the Second International Conference on Knowledge Discovery and Data Mining (KDD)*****, 226–231.** Dieses Paper stellt den DBSCAN-Algorithmus vor, einen wichtigen Beitrag zum Clustering im unüberwachten Lernen. Es beschreibt, wie Cluster basierend auf Datendichte und unter Berücksichtigung von Rauschen gefunden werden können.

3.4.4 Bestärkendes Lernen (Reinforcement Learning)

Bestärkendes Lernen (*Reinforcement Learning, RL*) ist eine faszinierende Art des Maschinellen Lernens, bei der ein *Agent* lernt, optimale Entscheidungen in einer Umgebung zu treffen, um eine bestimmte Aufgabe zu lösen. Es ist vergleichbar mit einem Kind, das lernt, Fahrrad zu fahren: Es probiert Dinge aus, fällt manchmal hin (negative Belohnung), lernt, das Gleichgewicht zu halten (positive Belohnung), bis es schließlich sicher fahren kann. Oder denkt an ein Computerspiel, in dem der Computer selbst lernt, wie er sich am besten verhält, um Punkte zu sammeln.

3.4.4.1 Konzepte: Agent, Umgebung, Zustände, Aktionen, Belohnungen

Im Bestärkenden Lernen gibt es einen *Agenten*, das ist das lernende System (z. B. ein Roboter, eine Spiele-KI). Dieser Agent interagiert mit einer *Umgebung*, die alles außerhalb des Agenten umfasst (z. B. ein Schachbrett, eine Fabrikhalle). Die Umgebung befindet sich in bestimmten *Zuständen* (z. B. die Position der Figuren auf dem Schachbrett, die aktuelle Position des Roboters in einem Raum). Der Agent wählt basierend auf seinem aktuellen Zustand eine *Aktion* aus (z. B. einen Schachzug machen, einen Schritt nach vorne gehen). Als Ergebnis der Aktion ändert sich der Zustand der Umgebung, und der Agent erhält eine *Belohnung* (oder Bestrafung), die angibt, wie gut die Aktion war. Ein Schachzug, der zum Sieg führt, gibt eine große Belohnung; ein Fall vom Fahrrad gibt eine negative Belohnung. Das Ziel des Agenten ist es, eine Strategie (man nennt es auch eine „Policy") zu lernen, die seine langfristige Belohnung maximiert.

3.4.4.2 Algorithmen: Q-Learning, SARSA, Deep Reinforcement Learning (DRL)

Q-Learning ist einer der bekanntesten Algorithmen im Bestärkenden Lernen. Er lernt eine „Q-Funktion", die für jeden Zustand und jede Aktion einen Wert angibt, der die erwartete zukünftige Belohnung darstellt. Stell dir eine Tabelle vor, in der für jede Situation (Zustand) und jede mögliche Handlung (Aktion) ein Wert steht, der angibt, wie gut diese Handlung in dieser Situation langfristig ist. Der Agent wählt dann immer die Aktion, die den höchsten Q-Wert für den aktuellen Zustand verspricht. Q-Learning ist ein „Off-Policy"-Algorithmus, das heißt, er lernt die optimale Politik, unabhängig davon, welche Politik der Agent tatsächlich verfolgt, um Daten zu sammeln – er lernt also, was das Beste wäre, auch wenn er es selbst noch nicht immer perfekt umsetzt.

SARSA (State-Action-Reward-State-Action) ist ein ähnlicher Algorithmus wie Q-Learning, aber mit einem wichtigen Unterschied: SARSA ist ein „On-Policy"-Algorithmus. Das bedeutet, dass er die Q-Werte basierend auf den Aktionen aktualisiert, die der Agent tatsächlich ausführt (also seiner aktuellen Politik), anstatt die optimale Aktion zu verwenden, die er noch nicht vollständig gelernt hat. Es ist, als ob ein Schüler nur aus seinen eigenen Fehlern lernt, und nicht aus den Fehlern, die er hätte machen können, aber nicht gemacht hat. SARSA ist daher oft vorsichtiger in seinem Lernverhalten.

Deep Reinforcement Learning (DRL) kombiniert das Konzept des Bestärkenden Lernens mit Deep Learning, einer Form des Maschinellen Lernens, die tiefe Neuronale Netze verwendet. Insbesondere bei komplexen Umgebungen mit sehr vielen Zuständen, wie z. B. Videospielen oder Robotik, ist es unmöglich, die Q-Werte für jeden einzelnen Zustand in einer Tabelle zu speichern (es gäbe einfach zu viele). DRL verwendet tiefe Neuronale Netze, um die Q-Funktion zu approximieren (zu schätzen) und so Muster in den Zuständen zu erkennen. Dies hat zu spektakulären Erfolgen geführt, wie *AlphaGo*, das den Weltmeister im Go besiegte, oder Systemen, die lernen, komplexe Videospiele auf übermenschlichem Niveau zu spielen, ohne dass ihnen jemand die Regeln des Spiels programmiert hat – sie haben sie selbst durch Ausprobieren gelernt. DRL ist ein sehr aktives Forschungsfeld und hat das Potenzial, die Art und Weise, wie wir Maschinen programmieren, grundlegend zu verändern.

Literaturhinweise zu 3.4.4 Bestärkendes Lernen

- **Sutton, R. S., & Barto, A. G. (2018).** ***Reinforcement Learning: An Introduction*** **(2nd ed.). MIT Press.** Dies ist das Standardwerk des Bestärkenden Lernens. Es erklärt umfassend die Konzepte von Agent, Umgebung, Zuständen, Aktionen und Belohnungen sowie die Algorithmen Q-Learning und SARSA, die grundlegend für dieses Feld sind.
- **Mnih, V., et al. (2015). Human-level control through deep reinforcement learning.** ***Nature, 518*****(7540), 529–533.** Dieses wegweisende Papier stellt Deep Q-Networks (DQN) vor, einen frühen und sehr erfolgreichen Ansatz im Deep Reinforcement Learning (DRL). Es zeigt, wie DRL menschliches Leistungsniveau in Atari-Videospielen erreichen kann.
- **Silver, D., et al. (2016). Mastering the game of Go with deep neural networks and tree search.** ***Nature, 529*****(7587), 484–489.** Diese bahnbrechende Arbeit beschreibt AlphaGo, das den Go-Weltmeister besiegte. Sie ist ein prominentes Beispiel für den Erfolg von Deep Reinforcement Learning (DRL) in einer komplexen Spielumgebung.

3.5 Neuronale Netze und Deep Learning

Neuronale Netze sind das Herzstück des Deep Learning, das in den letzten Jahren für viele der beeindruckendsten Fortschritte in der KI verantwortlich war. Sie sind von der Struktur des menschlichen Gehirns inspiriert, auch wenn sie nur eine stark vereinfachte Nachbildung sind.

3.5.1 Biologische Inspiration und das Perzeptron

Die Idee der neuronalen Netze entstammt der Beobachtung, wie unser eigenes Gehirn funktioniert. Unser Gehirn besteht aus Milliarden von *Neuronen*, die miteinander verbunden sind. Jedes Neuron empfängt elektrische Signale von anderen Neuronen, verarbeitet diese und sendet dann selbst ein Signal weiter, wenn die empfangenen Signale eine bestimmte Schwelle überschreiten.

Das *Perzeptron* war einer der ersten und einfachsten Algorithmen für ein künstliches neuronales Netz, entwickelt in den 1950er Jahren. Stell dir ein einzelnes künstliches Neuron vor. Es empfängt mehrere Eingaben (zum Beispiel Zahlen, die Merkmale eines Bildes darstellen könnten). Jede Eingabe wird mit einer *Gewichtung* multipliziert, die angibt, wie wichtig diese Eingabe ist. Dann werden all diese gewichteten Eingaben summiert. Wenn diese Summe einen bestimmten *Schwellenwert* überschreitet, „feuert" das Neuron und gibt ein Signal aus (z. B. eine 1), andernfalls nicht (z. B. eine 0). Ein Perzeptron könnte beispielsweise lernen, zwei verschiedene Kategorien von Objekten voneinander zu trennen, indem es eine gerade Linie findet, die sie trennt. Es war ein wichtiger erster Schritt, aber es konnte nur lineare Probleme lösen, also Probleme, bei denen man die Daten mit einer geraden Linie trennen kann, wie das Sortieren von Äpfeln und Birnen nach Gewicht und Größe.

Literaturhinweise zu 3.5.1 Biologische Inspiration und das Perzeptron

- **McCulloch, W. S., & Pitts, W. (1943). A Logical Calculus of the Ideas Immanent in Nervous Activity. *Bulletin of Mathematical Biophysics*, 5(4), 115–133.** Dieses wegweisende Paper lieferte die biologische Inspiration für künstliche neuronale Netze, indem es ein mathematisches Modell eines Neurons als logische Einheit vorschlug. Es ist die Grundlage für das Verständnis von Neuronen als Rechenelemente.
- **Rosenblatt, F. (1958). *The Perceptron: A Probabilistic Model for Information Storage and Organization in the Brain*. Cornell Aeronautical Laboratory.** Dieses Paper stellt das Perzeptron vor, das als eines der ersten künstlichen neuronalen Netze entwickelt wurde. Es ist ein historischer Meilenstein für das Verständnis einfacher Lernalgorithmen und der Anfänge des Konnektionismus.
- **Minsky, M. L., & Papert, S. A. (1969). *Perceptrons: An Introduction to Computational Geometry*. MIT Press.** Dieses Buch, obwohl es die Grenzen des einfachen Perzeptrons aufzeigte, ist historisch wichtig, da es die Diskussion über die Fähigkeiten neuronaler Netze anregte und die Forschung in den 1970er Jahren beeinflusste.

3.5.2 Multi-Layer Perceptrons (MLPs) und die Backpropagation-Algorithmus

Das Problem des Perzeptrons war, dass es keine komplexeren, nicht-linearen Beziehungen lernen konnte. Das ist, als ob man versucht, zwei Gruppen von Punkten zu trennen, die auf einem Kreis liegen, mit nur einer geraden Linie – das funktioniert nicht. Hier kommen Multi-Layer Perceptrons (MLPs) ins Spiel, die auch als Feedforward-Netze bekannt sind. Stell dir vor, wir verbinden mehrere Schichten von Perzeptronen hintereinander. Die Ausgabe der Neuronen einer Schicht wird zur Eingabe für die Neuronen der nächsten Schicht. Zwischen der Eingabeschicht (wo die Daten reinkommen) und der Ausgabeschicht (wo das Ergebnis rauskommt) gibt es eine oder mehrere *versteckte Schichten* von Neuronen. Diese Struktur ermöglicht es MLPs, wesentlich komplexere Muster zu lernen und auch nicht-lineare Probleme zu lösen.

Der Durchbruch für MLPs kam mit dem *Backpropagation-Algorithmus* in den 1980er Jahren. Stell dir vor, ein neuronales Netz macht bei einer Vorhersage einen Fehler. Der Backpropagation-Algorithmus ist wie ein Lehrer, der diesen Fehler nimmt und ihn „rückwärts“ durch alle Schichten des Netzes leitet. Dabei berechnet er, wie stark jedes einzelne Gewicht im Netz angepasst werden muss, um den Fehler zu reduzieren. Dieser Prozess wird immer wiederholt, bei jeder Trainingsrunde, bis das Netz die Muster in den Daten so gut wie möglich gelernt hat und die Fehler minimiert sind. Backpropagation ist der Motor, der das Training der meisten neuronalen Netze ermöglicht.

Literaturhinweise zu 3.5.2 Multi-Layer Perceptrons (MLPs) und die Backpropagation-Algorithmus

- **Rumelhart, D. E., Hinton, G. E., & Williams, R. J. (1986). Learning representations by back-propagating errors.** ***Nature, 323*****(6088), 533–536.** Dieses wegweisende Papier ist ein Meilenstein für die Entwicklung neuronaler Netze. Es beschreibt den Backpropagation-Algorithmus, der das effiziente Training von Multi-Layer Perceptrons (MLPs) ermöglichte und den Grundstein für die moderne Ära des Deep Learning legte.
- **Goodfellow, I., Bengio, Y., & Courville, A. (2016).** ***Deep Learning*****. MIT Press.** Dieses umfassende Lehrbuch erklärt die Architektur von Multi-Layer Perceptrons (MLPs) und den Backpropagation-Algorithmus detailliert. Es ist eine zentrale Referenz, um die Funktionsweise dieser grundlegenden neuronalen Netzwerke zu verstehen.
- **Haykin, S. (1998).** ***Neural Networks: A Comprehensive Foundation*** **(2nd ed.). Prentice Hall.** Dieses Buch bietet eine umfassende Abhandlung über neuronale Netze, einschließlich Multi-Layer Perceptrons und den Backpropagation-Algorithmus. Es vertieft das Verständnis der mathematischen Grundlagen und der Lernprozesse.

3.5.3 Aktivierungsfunktionen (Sigmoid, Tanh, ReLU etc.)

Ein weiterer wichtiger Bestandteil von neuronalen Netzen sind die Aktivierungsfunktionen. Ein Neuron empfängt gewichtete Summen der Eingaben. Bevor dieses Summen-Signal an die nächste Schicht weitergegeben wird, durchläuft es eine Aktivierungsfunktion. Stell dir diese Funktion wie einen Schalter vor, der entscheidet, ob und wie stark ein Neuron „aktiviert“ wird oder „feuert“. Diese Funktionen führen eine Nichtlinearität in das Netz ein. Wenn wir nur lineare Funktionen hätten, würde ein MLP, egal wie viele Schichten es hat, immer nur das Gleiche wie ein einziges Perzeptron lernen können. Die Nichtlinearität ist es, die dem Netz die Fähigkeit gibt, komplexe Muster zu lernen.

Beispiele für Aktivierungsfunktionen sind:

- Die *Sigmoid-Funktion*: Sie komprimiert jede Eingabezahl auf einen Wert zwischen 0 und 1. Das ist nützlich, wenn das Neuron eine Wahrscheinlichkeit ausgeben soll. Stell dir einen Dimmer vor, der das Licht langsam von ganz aus (0) bis ganz an (1) regelt.
- Die *Tanh-Funktion (Tangens Hyperbolicus)*: Ähnlich wie Sigmoid, aber sie komprimiert die Eingabezahlen auf einen Wert zwischen -1 und 1. Das kann manchmal zu einem stabileren Training führen.
- Die *ReLU-Funktion (Rectified Linear Unit)*: Diese ist sehr einfach. Sie gibt die Eingabezahl zurück, wenn sie positiv ist, und 0, wenn sie negativ ist. Stell dir einen Schalter vor, der entweder ganz aus (0) ist oder das Signal unverändert durchlässt, wenn es positiv ist. ReLU ist heute eine der beliebtesten Aktivierungsfunktionen in Deep Learning, weil sie Rechenressourcen spart und hilft, Probleme beim Training großer Netze zu vermeiden.

Literaturhinweise zu 3.5.3 Aktivierungsfunktionen

- **Goodfellow, I., Bengio, Y., & Courville, A. (2016). *Deep Learning*. MIT Press.** Dieses Lehrbuch widmet sich detailliert den Aktivierungsfunktionen in neuronalen Netzen. Es erklärt die Funktionsweise und Bedeutung von Sigmoid, Tanh und ReLU sowie deren Einfluss auf den Trainingsprozess und die Lernfähigkeit des Netzwerks.
- **Glorot, X., Bordes, A., & Bengio, Y. (2011). Deep Sparse Rectifier Networks. *Proceedings of the Fourteenth International Conference on Artificial Intelligence and Statistics (AISTATS)*, 315–323.** Dieses Paper ist wegweisend für die Einführung und Popularisierung der *ReLU-Aktivierungsfunktion*. Es zeigt ihre Vorteile gegenüber traditionellen Aktivierungsfunktionen im Kontext des Trainings tiefer neuronaler Netze.
- **Lecun, Y. A., Bottou, L., Orr, G. B., & Müller, K. R. (1998). Efficient BackProp. *Neural Networks: Tricks of the Trade*, 9–50. Springer.** Obwohl es um Backpropagation-Optimierung geht, diskutiert dieses Kapitel auch die Eigenschaften und Auswahl von *Aktivierungsfunktionen* wie Sigmoid und Tanh und deren Auswirkungen auf die Effizienz des Trainings, was ihre Bedeutung unterstreicht.

3.5.4 Wichtige Architekturen im Deep Learning

Mit der Entwicklung von Deep Learning sind viele verschiedene Architekturen von neuronalen Netzen entstanden, die jeweils für bestimmte Arten von Daten und Problemen optimiert sind.

3.5.4.1 Convolutional Neural Networks (CNNs) für Bild- und Signalverarbeitung

Convolutional Neural Networks (CNNs) sind speziell für die Verarbeitung von Daten mit einer gitterartigen Struktur wie Bildern entwickelt worden. Stell dir vor, du hast ein Bild. Ein CNN verwendet kleine Filter (genannt „Kernel"), die über das Bild „geschoben" werden, ähnlich wie eine Lupe, die nur einen kleinen Ausschnitt betrachtet. Diese Filter erkennen dann spezifische Muster wie Kanten, Ecken oder Texturen, egal wo im Bild sie sich befinden. Das ist, als ob ein Detektiv immer wieder nach den gleichen Fingerabdrücken an verschiedenen Stellen sucht. Diese Technik nennt man *Faltung (Convolution)*. Nach mehreren Schichten von Faltung und anderen Operationen (z. B. *Pooling*, das Informationen zusammenfasst) können CNNs sehr komplexe Merkmale aus Bildern extrahieren und dann zur Klassifikation (z. B. „Ist das eine Katze?") oder Objekterkennung (z. B. „Wo ist die Katze im Bild?") verwendet werden. CNNs sind heute das Rückgrat der meisten Anwendungen in der Bild- und Videoverarbeitung, aber auch für die Analyse von Audiosignalen und Zeitreihen werden sie eingesetzt, indem man diese Signale in eine gitterartige Form transformiert.

3.5.4.2 Recurrent Neural Networks (RNNs), LSTMs, GRUs für sequentielle Daten (Zeitreihen, Sprache)

Im Gegensatz zu Bildern, wo die Pixelposition wichtig ist, aber nicht unbedingt die Reihenfolge, haben sequentielle Daten wie Sprache, Texte oder Zeitreihen (z. B. Aktienkurse) eine innere Abhängigkeit von der Reihenfolge der Elemente. Ein Satz wie „Ich mag das nicht" hat eine andere Bedeutung als „Das mag ich nicht". Normale Feedforward-Netze können solche Abhängigkeiten nicht gut erfassen. Hier kommen *Recurrent Neural Networks (RNNs)* ins Spiel. Stell dir ein Neuron vor, das nicht nur die aktuelle Eingabe verarbeitet, sondern auch eine Art „Gedächtnis" für frühere Eingaben hat. RNNs haben „Rückkopplungsschleifen", die es ihnen ermöglichen, Informationen von früheren Schritten in der Sequenz zu behalten und zu nutzen.

Allerdings hatten klassische RNNs Probleme, sehr lange Abhängigkeiten zu lernen (das sogenannte „vanishing gradient problem", bei dem wichtige Informationen über lange Zeiträume verloren gehen). Daher wurden speziellere Architekturen entwickelt:

- **Long Short-Term Memory (LSTMs)**: Stell dir ein sehr cleveres Gedächtnis vor, das entscheiden kann, welche Informationen es behält, welche es vergisst und welche es an die nächste Stelle weitergibt. LSTMs haben spezielle „Gatter" (Gates), die den Informationsfluss im Netzwerk steuern und es ihnen ermöglichen, wichtige Informationen über lange Zeiträume zu speichern und abzurufen.
- **Gated Recurrent Units (GRUs)**: Eine etwas einfachere, aber ähnlich effektive Version von LSTMs, die ebenfalls Gatter zur Steuerung des Informationsflusses verwenden.

LSTMs und GRUs sind entscheidend für Anwendungen wie *Spracherkennung, Übersetzungssoftware* oder die *Vorhersage von Zeitreihen* (z. B. Wettervorhersage).

3.5.4.3 Transformer-Modelle und ihre Bedeutung

In den letzten Jahren haben Transformer-Modelle die Landschaft der Sequenzmodellierung revolutioniert, insbesondere im Bereich der Sprachverarbeitung. Im Gegensatz zu RNNs und LSTMs, die Informationen sequenziell verarbeiten, können Transformer alle Teile einer Sequenz gleichzeitig verarbeiten. Stell dir vor, du liest ein Buch. Ein RNN würde Wort für Wort lesen. *Ein Transformer könnte das ganze Buch auf einmal „überfliegen" und dann entscheiden, welche Wörter am wichtigsten sind, um die Bedeutung eines bestimmten Wortes zu verstehen, selbst wenn diese Wörter weit voneinander entfernt stehen.* Das Geheimnis der Transformer liegt in einem Mechanismus namens *„Attention" (Aufmerksamkeit).* Dieser Mechanismus ermöglicht es dem Modell, zu lernen, welche Teile der Eingabesequenz für die Vorhersage am relevantesten sind.

Transformer-Modelle sind die Grundlage für die beeindruckenden Fortschritte in großen Sprachmodellen wie ChatGPT und haben die Art und Weise, wie Computer Text verstehen und generieren, grundlegend verändert.

3.5.4.4 Autoencoder und Generative Adversarial Networks (GANs)

Neben den für Klassifikation und Regression entwickelten Architekturen gibt es auch solche, die für andere Aufgaben eingesetzt werden, insbesondere für die Generierung von Daten.

- **Autoencoder** sind neuronale Netze, die darauf trainiert werden, ihre eigene Eingabe als Ausgabe zu rekonstruieren. Stell dir vor, du hast ein Bild, und der Autoencoder muss lernen, dieses Bild zu komprimieren (kodieren) und dann wieder zu dekomprimieren (dekodieren), sodass das rekonstruierte Bild dem Original so ähnlich wie möglich ist. Der interessante Teil ist der komprimierte, „latente" Raum in der Mitte des Netzes. Dieser latente Raum enthält eine effiziente Darstellung der wichtigsten Merkmale der Eingabe. Autoencoder werden für Aufgaben wie *Dimensionsreduktion, Rauschunterdrückung* (Denoising Autoencoder) oder auch für die *Generierung ähnlicher Daten* verwendet.
- *Generative Adversarial Networks (GANs)* sind eine faszinierende und mächtige Architektur für die Generierung neuer, realistischer Daten. Stell dir ein Katz-und-Maus-Spiel vor. Ein GAN besteht aus zwei neuronalen Netzen: einem **Generator** und einem *Diskriminator*. Der Generator versucht, neue Daten zu erzeugen, die den echten Daten ähneln (z. B. realistische Gesichter). Der Diskriminator versucht zu erkennen, ob ein gegebenes Datenbeispiel echt ist oder vom Generator erzeugt wurde. Beide Netze werden gegeneinander trainiert. Der Generator versucht, den Diskriminator auszutricksen, und der Diskriminator versucht, immer besser zu werden, um Fälschungen zu erkennen. Durch diesen Wettbewerb lernt der Generator, extrem realistische Daten zu erzeugen, die oft nicht mehr von echten Daten zu unterscheiden sind. GANs werden für die *Erzeugung von realistischen Bildern, das Erstellen von Videos oder sogar das Komponieren von Musik* eingesetzt.

Literaturhinweise zu 3.5.4 Wichtige Architekturen im Deep Learning

- **LeCun, Y., Bengio, Y., & Hinton, G. (2015). Deep learning.** ***Nature, 521*****(7553), 436–444.** Dieser einflussreiche Übersichtsartikel beschreibt die Grundlagen und Anwendungen wichtiger Deep-Learning-Architekturen, einschließlich Convolutional Neural Networks (CNNs) für Bildverarbeitung und Recurrent Neural Networks (RNNs) für sequentielle Daten.
- **Hochreiter, S., & Schmidhuber, J. (1997). Long Short-Term Memory.** ***Neural Computation, 9*****(8), 1735–1780.** Dieses wegweisende Paper stellt die Long Short-Term Memory (LSTM)-Architektur vor, die die Probleme klassischer RNNs bei der Verarbeitung langer sequentieller Daten löste und entscheidend für Anwendungen in Sprache und Zeitreihen wurde.
- **Vaswani, A., et al. (2017). Attention Is All You Need.** ***Advances in Neural Information Processing Systems, 30.*** Dieses bahnbrechende Paper führte die Transformer-Modelle ein, die das „Attention"-Prinzip nutzen und die Landschaft der Sequenzmodellierung, insbesondere in der Sprachverarbeitung, revolutionierten und die Grundlage für Modelle wie ChatGPT bildeten.
- **Goodfellow, I., et al. (2014). Generative Adversarial Nets.** ***Advances in Neural Information Processing Systems, 27.*** Dieses wegweisende Paper stellt Generative Adversarial Networks (GANs) vor, eine der wichtigsten Architekturen für die Generierung realistischer Daten, von Bildern bis hin zu Audio, und ist ein Schlüsselkonzept in der generativen KI.

3.5.5 Training von Deep-Learning-Modellen: Optimierer (SGD, Adam etc.), Regularisierungstechniken (Dropout, L1/L2), Batch Normalization

Das Training von Deep-Learning-Modellen ist ein komplexer Prozess, der verschiedene Techniken erfordert, um erfolgreich zu sein.

Optimierer sind Algorithmen, die die Gewichte eines neuronalen Netzes während des Trainings anpassen, um den Fehler (oder die „Verlustfunktion") zu minimieren. Stell dir vor, du suchst den tiefsten Punkt in einem Tal. Ein Optimierer ist wie ein Navigationssystem, das dir sagt, in welche Richtung du gehen musst, um immer weiter bergab zu kommen.

- **Stochastic Gradient Descent (SGD)** ist ein grundlegender Optimierer, der die Gewichte in kleinen Schritten in Richtung des größten Abfalls des Fehlers anpasst.
- **Adam** ist ein fortgeschrittenerer Optimierer, der sich oft schneller und stabiler verhält als SGD, indem er die Lernrate für jedes Gewicht individuell anpasst.

Regularisierungstechniken sind Methoden, die verwendet werden, um *Overfitting* zu verhindern, also dass das Modell die Trainingsdaten zu sehr auswendig lernt.

- **Dropout** ist eine Technik, bei der während des Trainings zufällig ein Teil der Neuronen vorübergehend „ausgeschaltet“ wird. Stell dir vor, in einer Lerngruppe fehlen manchmal ein paar Schüler. Das zwingt die verbleibenden Schüler, die Aufgaben selbstständig zu lösen, anstatt sich auf die anderen zu verlassen, und macht das gesamte Netzwerk robuster.
- **L1/L2-Regularisierung** fügt der Verlustfunktion einen Term hinzu, der die Größe der Gewichte bestraft. Dies führt dazu, dass das Netz einfachere Modelle lernt und extreme Gewichtswerte vermeidet.

Batch Normalization ist eine Technik, die die Eingaben zu jeder Schicht eines neuronalen Netzes während des Trainings normalisiert. Stell dir vor, du hast viele Schüler, die alle unterschiedlich große Zahlen in ein System eingeben. Batch Normalization sorgt dafür, dass die Zahlen immer in einem ähnlichen Bereich liegen, bevor sie zur nächsten Stufe weitergegeben werden. Das stabilisiert den Trainingsprozess, macht ihn schneller und ermöglicht die Verwendung höherer Lernraten.

Literaturhinweise zu 3.5.5 Training von Deep-Learning-Modellen

- **Goodfellow, I., Bengio, Y., & Courville, A. (2016). *Deep Learning*. MIT Press.** Dieses Lehrbuch widmet ein ganzes Kapitel den Trainingstechniken von Deep-Learning-Modellen. Es erklärt detailliert die Funktion von Optimierern wie SGD und Adam, die Bedeutung von Regularisierungstechniken wie Dropout und L1/L2-Regularisierung, sowie die Rolle der Batch Normalization zur Stabilisierung des Trainings.
- **Kingma, D. P., & Ba, J. (2015). Adam: A Method for Stochastic Optimization. *International Conference on Learning Representations (ICLR).*** Dieses Paper stellt den Adam-Optimierer vor, der zu den am weitesten verbreiteten Optimierungsalgorithmen für das Training von Deep-Learning-Modellen gehört. Es ist eine Schlüsselreferenz für das Verständnis moderner Optimierungsstrategien.
- **Ioffe, S., & Szegedy, C. (2015). Batch Normalization: Accelerating Deep Network Training by Reducing Internal Covariate Shift. *International Conference on Machine Learning (ICML).*** Dieses wegweisende Paper führte die Batch Normalization ein, eine Technik, die das Training von Deep-Learning-Modellen erheblich beschleunigt und stabilisiert. Es ist fundamental für das Verständnis effizienter Trainingsmethoden.
- **Srivastava, N., Hinton, G., Krizhevsky, A., Sutskever, I., & Salakhutdinov, R. (2014). Dropout: A Simple Way to Prevent Overfitting in Neural Networks.**

***Journal of Machine Learning Research, 15*(1), 1929–1958.** Dieses Paper stellt die Dropout-Regularisierungstechnik vor, die eine einfache, aber sehr effektive Methode ist, um Overfitting in neuronalen Netzen zu verhindern. Es ist eine wichtige Referenz für das Verständnis von Regularisierung.

3.6 Einführung in spezifische Anwendungsfelder der KI

Die KI ist nicht nur eine theoretische Disziplin, sondern findet Anwendung in einer Vielzahl von Bereichen, die unser tägliches Leben beeinflussen. Zwei der prominentesten Anwendungsfelder sind die Verarbeitung natürlicher Sprache und das Computersehen.

3.6.1 Natural Language Processing (NLP): Grundlagen und Aufgaben

Natural Language Processing (NLP) befasst sich mit der Interaktion zwischen Computern und menschlicher (natürlicher) Sprache. Das Ziel ist es, Computern beizubringen, menschliche Sprache zu verstehen, zu interpretieren und sogar selbst zu generieren. Stell dir vor, dein Sprachassistent auf dem Handy versteht deine Befehle, oder eine Übersetzungs-App übersetzt einen Text für dich.

Die *Grundlagen* im NLP umfassen das Zerlegen von Text in Wörter (Tokenisierung, also „Der Hund bellt“ wird zu [„Der“, „Hund“, „bellt“]), das Entfernen von Füllwörtern (Stoppwort-Entfernung, z. B. „der“ oder „und“ werden oft ignoriert, weil sie wenig Bedeutung tragen), das Reduzieren von Wörtern auf ihren Stamm (Stemming oder Lemmatisierung, z. B. „läuft“, „gelaufen“, „laufen“ werden alle zu „lauf“) und das Verstehen der grammatikalischen Struktur von Sätzen (Parsing, also wie die Wörter in einem Satz zusammenhängen).

Einige wichtige *Aufgaben* im NLP sind:

- **Spracherkennung (Speech-to-Text)**: Das Umwandeln von gesprochener Sprache in geschriebenen Text. Wenn du deinem Smartphone etwas diktierst, ist das Spracherkennung.
- **Text-zu-Sprache (Text-to-Speech)**: Das Umwandeln von geschriebenem Text in gesprochene Sprache. Die Stimme, die dir ein Navigationssystem gibt, ist ein Beispiel dafür.
- **Maschinelle Übersetzung**: Das automatische Übersetzen von Texten oder gesprochener Sprache von einer Sprache in eine andere. Tools wie Google Translate nutzen dies.

- **Sentimentanalyse**: Das Erkennen der Stimmung oder Einstellung in einem Text, ob sie positiv, negativ oder neutral ist. Unternehmen nutzen dies, um Kundenbewertungen zu analysieren (z. B. „Der Service war fantastisch!" → positiv).
- **Chatbots und Konversationssysteme**: Computerprogramme, die menschliche Konversationen simulieren können, um Fragen zu beantworten oder Aufgaben zu erledigen. Wenn du mit einem automatischen Kundendienst-Chat interagierst, hast du es wahrscheinlich mit einem Chatbot zu tun.
- **Zusammenfassung**: Das automatische Erstellen einer kurzen Zusammenfassung eines längeren Textes.
- **Informationsgewinnung**: Das Extrahieren spezifischer Informationen aus unstrukturierten Texten, zum Beispiel das Finden von Namen, Orten oder Daten in Nachrichtenartikeln.

Literaturhinweise zu 3.6.1 Natural Language Processing (NLP)

- **Jurafsky, D., & Martin, J. H. (2023).** ***Speech and Language Processing: An Introduction to Natural Language Processing, Computational Linguistics, and Speech Recognition*** **(3rd ed.). Pearson.** Dieses umfangreiche Lehrbuch ist eine maßgebliche Referenz für **Natural Language Processing (NLP)**. Es erklärt die **Grundlagen** und die wichtigsten **Aufgaben** des NLP, von der Spracherkennung bis zur maschinellen Übersetzung.
- **Manning, C. D., & Schütze, H. (1999).** ***Foundations of Statistical Natural Language Processing*****. MIT Press.** Dieses klassische Werk legt die statistischen **Grundlagen des NLP** dar. Es behandelt Themen wie Tokenisierung und die Bedeutung von Wörtern und deren Beziehungen in Texten, was für die frühen Entwicklungen im NLP entscheidend war.
- **Young, T., et al. (2018). From Word Embeddings to Document Embeddings for Sentiment Analysis.** ***Proceedings of the 2018 IEEE International Conference on Systems, Man, and Cybernetics (SMC)*****, 10–17.** Obwohl spezifisch für Sentimentanalyse, ist dieses Paper ein gutes Beispiel für eine **Aufgabe im NLP**. Es zeigt, wie moderne KI-Methoden eingesetzt werden, um die Stimmung in Texten zu erkennen, was eine wichtige Anwendung des NLP darstellt.

3.6.2 Computer Vision (CV): Grundlagen und Aufgaben

Computer Vision (CV), auch als maschinelles Sehen bekannt, befasst sich damit, Computern die Fähigkeit zu geben, visuelle Informationen aus der Welt zu sehen, zu verarbeiten und zu verstehen. Es geht darum, dass der Computer „versteht", was auf einem Bild oder in einem Video zu sehen ist. Stell dir vor, ein autonomes Auto „sieht" andere Fahrzeuge, Fußgänger und Verkehrsschilder, oder dein Smartphone erkennt dein Gesicht zum Entsperren.

Die *Grundlagen im Computer Vision* umfassen die Bildverarbeitung (z. B. Kontrastverbesserung, Rauschunterdrückung), das Erkennen von Kanten und Formen sowie das Verstehen von Farbinformationen.

Einige wichtige *Aufgaben* im Computer Vision sind:

- **Bildklassifikation**: Das Zuordnen eines gesamten Bildes zu einer bestimmten Kategorie. Wenn ein System erkennt, ob ein Bild eine Katze, einen Hund oder ein Auto zeigt, ist das Bildklassifikation.
- **Objekterkennung**: Das Erkennen und Lokalisieren mehrerer Objekte in einem Bild oder Video und das Zeichnen eines Rahmens (Bounding Box) um sie herum. Ein autonomes Fahrzeug, das Fußgänger und andere Autos auf der Straße identifiziert, nutzt Objekterkennung.
- **Gesichtserkennung**: Eine spezielle Form der Objekterkennung, die Gesichter in Bildern oder Videos erkennt und manchmal sogar Personen identifizieren kann. Das Entsperren deines Smartphones mit deinem Gesicht ist ein Beispiel.
- **Bildsegmentierung**: Das Pixel-genaue Trennen verschiedener Objekte im Bild. Stell dir vor, jedes Objekt im Bild bekommt eine eigene Farbe, um es vom Hintergrund zu trennen, zum Beispiel um den Menschen im Bild vom Hintergrund zu isolieren.
- **Posenabschätzung**: Das Erkennen der Position und Orientierung von Körperteilen oder Objekten in einem Bild. Dies wird zum Beispiel in Sportanalysen (wie sich ein Athlet bewegt) oder bei der Steuerung von Spielfiguren durch Gesten genutzt.
- **Aktionserkennung**: Das Erkennen von Aktionen oder Ereignissen in Videos, zum Beispiel, ob jemand rennt, springt oder winkt.
- **Autonomes Fahren**: Das wohl bekannteste Anwendungsfeld, bei dem Fahrzeuge ihre Umgebung mit Kameras, Radarsensoren und Lidars „sehen" und verstehen, um sicher zu navigieren.

Literaturhinweise zu 3.6.2 Computer Vision (CV)

- **Szeliski, R. (2010).** ***Computer Vision: Algorithms and Applications.*** **Springer.** Dieses Buch ist eine ausgezeichnete und zugängliche Einführung in die Grundlagen des Computer Vision. Es erklärt die Algorithmen und Aufgaben wie Bildklassifikation, Objekterkennung und Bildsegmentierung.
- **Forsyth, D. A., & Ponce, J. (2002).** ***Computer Vision: A Modern Approach.*** **Prentice Hall.** Eine weitere umfassende Darstellung der Grundlagen des Computer Vision. Es behandelt die verschiedenen Aspekte des maschinellen Sehens,

von der Bildaufnahme bis zur Interpretation von Szenen und dem Lösen von Aufgaben wie Objekterkennung und -verfolgung.

- **LeCun, Y., Bengio, Y., & Hinton, G. (2015). Deep learning. *Nature, 521*(7553), 436–444.** Dieser einflussreiche Übersichtsartikel zeigt die enorme Auswirkung von Deep Learning auf das Computer Vision. Er demonstriert die Leistungsfähigkeit von neuronalen Netzen bei der Lösung von Aufgaben wie Bildklassifikation und Objekterkennung, die die Fähigkeiten traditioneller CV-Methoden übertreffen.

4 Die Welten der Digitalen Signalverarbeitung (DSV) und der Künstlichen Intelligenz (KI)

DSV und KI mögen auf den ersten Blick vielleicht eng miteinander verwandt erscheinen, doch bei genauerer Betrachtung zeigen sich faszinierende Unterschiede in ihren Kernphilosophien, Methoden und Zielen. Trotzdem erleben wir in jüngster Zeit eine bemerkenswerte *Konvergenz* beider Felder, die neue und aufregende Möglichkeiten eröffnet.

4.1 Kernfokus und primäre Zielsetzungen

Um DSV und KI voneinander abzugrenzen, ist es entscheidend, ihren jeweiligen Kernfokus und ihre primären Zielsetzungen zu verstehen. Es sind zwei unterschiedliche Denkweisen, die auf verschiedene Arten von Problemen abzielen.

4.1.1 DSV: Signalintegrität, präzise Transformation, Analyse und Filterung basierend auf mathematischen Modellen des Signals und des Systems

Die Digitale Signalverarbeitung (DSV) befasst sich, wie der Name schon sagt, mit *Signalen*, die in digitaler Form vorliegen. Stell dir ein Audiosignal vor, das von einem Mikrofon aufgenommen wird, oder ein Bild, das von einer Kamera erzeugt wird. Diese Signale sind oft komplexe Ansammlungen von Datenpunkten, die eine bestimmte physikalische Realität abbilden. Der Hauptfokus der DSV liegt auf der *Signalintegrität*, also dem Erhalt der

U. Karrenberg, *Das unzertrennliche Duo: Digitale Signalverarbeitung und Künstliche Intelligenz*, https://doi.org/10.1007/978-3-662-72296-1_4

Qualität und Genauigkeit des Signals. Es geht darum, Rauschen zu entfernen, Signale zu komprimieren, zu verbessern oder bestimmte Informationen daraus zu extrahieren.

Ein zentrales Merkmal der DSV ist ihre starke Verankerung in der Mathematik. Ingenieure und Wissenschaftler, die mit DSV arbeiten, nutzen ausgefeilte mathematische Modelle des Signals und des Systems, durch das das Signal fließt. Sie verstehen genau, wie ein Tonsignal als Welle beschrieben werden kann oder wie ein Bild aus Pixeln zusammengesetzt ist. Basierend auf diesen Modellen entwickeln sie präzise Transformations-, Analyse- und Filteralgorithmen. Wenn du beispielsweise eine Stimme aus einem verrauschten Audiosignal herausfiltern willst, würde die DSV versuchen, das Rauschmodell mathematisch zu beschreiben und dann einen Filter zu konstruieren, der genau dieses Rauschen eliminiert, ohne die Stimme zu beeinträchtigen. Oder stell dir vor, ein Ingenieur entwirft ein System für ein Handy, das die Stimme beim Telefonieren klar überträgt. Er würde mathematische Gleichungen verwenden, um genau zu beschreiben, wie die Schallwellen in elektrische Signale umgewandelt werden, wie das Rauschen im Mikrofon entsteht und wie ein digitaler Filter genau die Frequenzen der menschlichen Stimme isoliert. Die Ergebnisse sind oft sehr vorhersagbar und mathematisch begründbar.

4.1.2 KI: Lernen von Mustern und Strukturen aus Daten, Treffen von Entscheidungen, Nachahmung kognitiver Fähigkeiten, oft ohne explizites Signalmodell

Die *Künstliche Intelligenz (KI)* hingegen hat eine wesentlich breitere und ambitioniertere Zielsetzung. Während sie manchmal auch mit Signalen arbeitet, geht es ihr nicht primär um die präzise Manipulation der Signale selbst, sondern darum, aus diesen und anderen Daten *Muster und Strukturen zu lernen.*

Das übergeordnete Ziel ist es, Entscheidungen zu treffen und menschliche kognitive Fähigkeiten nachzuahmen, wie zum Beispiel Sehen, Hören, Sprechen, Verstehen, Lernen und Problemlösen.

Der entscheidende Unterschied zur DSV liegt oft darin, dass die KI diese Fähigkeiten *oft ohne ein explizites Signalmodell* erlernt. Nehmen wir wieder das Beispiel der Stimmerkennung. Während die DSV mathematische Modelle von Sprache und Rauschen verwenden würde, um eine Stimme zu isolieren, könnte ein KI-System, insbesondere ein maschinelles Lernsystem, einfach mit Millionen von Audioaufnahmen von Stimmen und Rauschen gefüttert werden. Es lernt dann selbstständig, welche Muster zu einer Stimme gehören und welche zu Rauschen, und wie es diese voneinander trennen kann – oft ohne, dass ein Mensch explizit mathematische Regeln dafür programmiert hätte. Oder denk an eine KI, die Gesichter in Fotos erkennt. Man füttert sie mit Tausenden von Bildern, auf denen Gesichter markiert sind, und die KI lernt, die komplexen Kombinationen von Pixeln und Formen als Gesichter zu interpretieren, ohne dass ein Programmierer exakte Regeln für Augen, Nasen oder Münder eingeben muss. Es geht weniger um das

„Wie" der Signalmanipulation, sondern um das „Was" der Informationsgewinnung und Entscheidungsfindung.

Literaturhinweise zu 4.1 Kernfokus und primäre Zielsetzungen

- **Oppenheim, A. V., & Schafer, R. W. (1999).** ***Discrete-Time Signal Processing*** **(2nd ed.). Prentice Hall.** Dieses Lehrbuch ist ein Klassiker im Bereich der Digitalen Signalverarbeitung und legt den Schwerpunkt auf die mathematischen Grundlagen, Modellierung und präzise Verarbeitung von Signalen. Es verdeutlicht den modellgetriebenen Ansatz der DSV und ihre primären Ziele wie Signalintegrität und präzise Transformation.
- **Russell, S. J., & Norvig, P. (2020).** ***Artificial Intelligence: A Modern Approach*** **(4th ed.). Pearson.** Als führendes Lehrbuch für Künstliche Intelligenz beschreibt dieses Werk umfassend die Kernziele der KI, insbesondere das Lernen von Mustern und Strukturen aus Daten, das Treffen von Entscheidungen und die Nachahmung kognitiver Fähigkeiten, oft ohne auf explizite Signalmodelle angewiesen zu sein.
- **Wang, W., Chen, L., & Hu, J. (2019).** ***Machine Learning for Signal Processing: Principles, Applications and Challenges*****. Springer.** Dieses Buch überbrückt die Lücke und zeigt auf, wie Maschinelles Lernen spezifische Signalverarbeitungsaufgaben lösen kann, oft indem es Muster lernt, anstatt auf vorgegebene mathematische Signalmodelle zurückzugreifen. Es verdeutlicht die unterschiedlichen, aber sich ergänzenden Zielsetzungen von DSV und KI.

4.2 Methodologien und grundlegende Techniken

Die unterschiedlichen Zielsetzungen führen natürlich auch zu stark voneinander abweichenden Methodologien und grundlegenden Techniken in der DSV und der KI.

4.2.1 DSV: Oft modellgetrieben, deterministische Algorithmen, mathematische Herleitungen und Beweise im Vordergrund

Die Digitale Signalverarbeitung ist, wie bereits erwähnt, oft modellgetrieben. Das bedeutet, dass die Entwickler ein klares, mathematisches Verständnis des zu verarbeitenden Signals und des Systems haben, durch das es fließt. Man weiß genau, wie ein Filter mathematisch aufgebaut sein muss, um eine bestimmte Frequenz zu unterdrücken, oder wie eine Transformation wie die Fast Fourier Transformation (FFT) funktioniert, um ein

Signal vom Zeitbereich in den Frequenzbereich zu überführen. Stell dir vor, ein DSV-Ingenieur will einen Equalizer für Musik entwerfen. Er weiß genau, dass Bassfrequenzen in einem bestimmten Bereich liegen und Höhen in einem anderen. Er würde mathematische Gleichungen verwenden, um Filter zu bauen, die diese spezifischen Frequenzbereiche verstärken oder dämpfen, basierend auf klaren physikalischen Modellen des Klangs.

Die Algorithmen in der DSV sind typischerweise *deterministisch.* Das bedeutet, dass die gleiche Eingabe immer die gleiche, exakt vorhersagbare Ausgabe liefert. Wenn du dieselbe Audiodatei zweimal durch denselben DSV-Filter schickst, erhältst du jedes Mal exakt dasselbe gefilterte Ergebnis. Es gibt keine „Zufälligkeit" oder „Lernphase" im herkömmlichen Sinne. Der Fokus liegt stark auf *mathematischen Herleitungen und Beweisen.* Ingenieure können mathematisch beweisen, dass ein bestimmter Filter eine gewünschte Eigenschaft besitzt oder dass ein Kompressionsalgorithmus eine bestimmte Datenreduktion ohne nennenswerten Informationsverlust erreicht. Diese Art von Beweisen ist in der Elektrotechnik oder Physik üblich, wo man die genauen Eigenschaften eines Schaltkreises oder die Bewegung eines Pendels mathematisch vorhersagen kann. Die Klarheit und Präzision der mathematischen Grundlagen sind hier von höchster Bedeutung.

4.2.2 KI: Überwiegend datengesteuert, probabilistische Modelle, iterative Lernalgorithmen, oft heuristische Ansätze, „Black-Box"-Modelle (insbesondere im Deep Learning)

Die *Künstliche Intelligenz,* insbesondere im Bereich des maschinellen Lernens, ist hingegen überwiegend datengesteuert. Anstatt explizite Modelle zu bauen, die auf mathematischen Theorien basieren, lernen KI-Systeme Muster und Regeln direkt aus riesigen Mengen von Daten. Man gibt dem System Daten und ein Ziel vor, und es passt seine internen Parameter so lange an, bis es das Ziel erreicht. Stell dir vor, du willst einer KI beibringen, handgeschriebene Ziffern zu erkennen. Du würdest ihr Hunderttausende von Bildern handgeschriebener Ziffern zeigen, und für jedes Bild sagen, welche Ziffer es ist. Die KI würde dann selbstständig lernen, welche Strichmuster und Formen zu welcher Ziffer gehören, ohne dass du explizit eine Regel programmiert hast wie „Wenn es eine Schleife oben und eine gerade Linie unten hat, ist es eine 9".

KI-Modelle sind oft *probabilistisch.* Das bedeutet, dass sie Vorhersagen mit einer bestimmten Wahrscheinlichkeit versehen. Ein KI-System, das Bilder klassifiziert, sagt möglicherweise nicht nur „Das ist eine Katze", sondern „Das ist eine Katze mit 98 % Wahrscheinlichkeit". Das ist wie bei einem Wetterbericht, der sagt, es gibt eine 70 %ige Wahrscheinlichkeit für Regen – es ist eine Vorhersage, keine absolute Gewissheit. Das Lernen erfolgt durch *iterative Lernalgorithmen,* bei denen das Modell seine Fehler immer wieder korrigiert und seine internen Gewichte und Parameter anpasst, bis es eine gute Leistung erzielt. Es ist wie ein Schüler, der immer wieder Aufgaben löst und aus seinen Fehlern lernt, bis er die meisten richtig hat.

Die Ansätze sind oft *heuristisch*. Das bedeutet, dass sie auf Faustregeln oder optimierten Suchstrategien basieren, die in der Praxis gut funktionieren, auch wenn ihre mathematische Optimalität nicht immer formal bewiesen werden kann. Wenn ein Schachprogramm einen Zug macht, wählt es vielleicht nicht den *mathematisch* optimalen Zug, der in Millionen von Schritten bewiesen wurde, sondern einen Zug, der sich in den meisten Partien als sehr gut erwiesen hat. Ein signifikantes Merkmal, insbesondere bei komplexen neuronalen Netzen, ist der Charakter als *„Black-Box"-Modell.* Man weiß, welche Eingaben hineingehen und welche Ausgaben herauskommen, aber der genaue Prozess, wie das Modell zu seiner Entscheidung gelangt, ist oft nicht transparent und schwer nachvollziehbar. Wenn ein Deep-Learning-Modell ein bestimmtes Tier auf einem Bild erkennt, kann es schwierig sein zu sagen, ob es das Tier an seinen Ohren, seiner Fellfarbe oder einer Kombination vieler kleiner Merkmale erkannt hat, weil die internen „Regeln" des Modells so komplex sind, dass sie für uns nicht direkt lesbar sind.

Literaturhinweise zu 4.2 Methodologien und grundlegende Techniken

- **Proakis, J. G., & Manolakis, D. G. (2007).** ***Digital Signal Processing: Principles, Algorithms and Applications*** **(4th ed.). Pearson Prentice Hall.** Dieses Buch ist eine Referenz für die Methodologien der DSV. Es betont die modellgetriebenen und deterministischen Algorithmen sowie die mathematischen Herleitungen und Beweise, die der DSV zugrunde liegen und ihre Vorhersagbarkeit garantieren.
- **Mohri, M., Rostamizadeh, A., & Talwalkar, A. (2018).** ***Foundations of Machine Learning*** **(2nd ed.). MIT Press.** Dieses Werk konzentriert sich auf die theoretischen und algorithmischen Grundlagen des Maschinellen Lernens. Es beleuchtet die datengesteuerten, probabilistischen Modelle und iterativen Lernalgorithmen von KI-Methoden und zeigt die formalen Unterschiede zum deterministischen DSV-Ansatz auf.
- **Goodfellow, I., Bengio, Y., & Courville, A. (2016).** ***Deep Learning*****. MIT Press.** Insbesondere im Kontext von „Black-Box"-Modellen ist dieses Standardwerk relevant. Es erklärt ausführlich die Funktionsweise tiefer neuronaler Netze, bei denen die interne Logik oft schwer interpretierbar ist, und zeigt die Komplexität dieser datengesteuerten Systeme auf.

4.3 Umgang mit Daten und deren Repräsentation

Die Art und Weise, wie DSV und KI mit Daten umgehen und sie repräsentieren, spiegelt ihre *unterschiedlichen Schwerpunkte* wider.

4.3.1 DSV: Typischerweise strukturierte numerische Daten (Zeitreihen, Samples, Pixelwerte). Die Repräsentation ist oft direkt mit der physikalischen Natur des Signals verbunden

In der Digitalen Signalverarbeitung arbeitet man typischerweise mit strukturierten numerischen Daten. Diese Daten sind oft sehr geordnet und haben eine klare Bedeutung. Beispiele hierfür sind *Zeitreihen,* wie die Messwerte eines Sensors über die Zeit (z. B. die Temperatur in einem Raum, die alle 5 min gemessen wird), Samples eines Audiosignals (also digitalisierte Momentaufnahmen der Schallwelle, die anzeigen, wie laut der Ton in einem bestimmten Augenblick war) oder Pixelwerte in einem Bild (jeder Pixel hat einen Zahlenwert für seine Helligkeit oder Farbe). Diese Daten sind oft direkt proportional zu einer physikalischen Größe oder Eigenschaft.

Die Repräsentation dieser Daten ist in der DSV oft direkt mit der physikalischen Natur des Signals verbunden. Ein Audiosignal wird als eine Abfolge von Amplitudenwerten repräsentiert, die die Schwingungen der Schallwelle nachbilden. Wenn eine Schallwelle hoch schwingt, ist die Amplitude hoch; wenn sie tief ist, ist sie niedrig. Ein Bild wird als ein Raster von Pixeln dargestellt, wobei jeder Pixel einen Farb- oder Helligkeitswert an einer bestimmten Position repräsentiert. Wenn ein Pixel den Wert 255 hat, ist es weiß, bei 0 ist es schwarz. Diese direkte Beziehung zur physikalischen Welt ermöglicht es der DSV, präzise und modellbasierte Manipulationen vorzunehmen. Es ist eine sehr „bodenständige" und physiknahe Art der Datenverarbeitung.

4.3.2 KI: Kann mit einer breiteren Palette von Datentypen umgehen (Text, Bilder, Audio, Video, strukturierte und unstrukturierte Daten)

Die Künstliche Intelligenz ist weitaus flexibler im Umgang mit Datentypen. Sie kann mit einer breiteren Palette von Daten umgehen, darunter nicht nur numerische Daten, sondern auch *Text* (z. B. für die Verarbeitung natürlicher Sprache wie Artikel oder Bücher), *Bilder* und *Videos* (für Computer Vision, wie Filme oder Fotos), *Audio* (für Spracherkennung, wie gesprochene Worte) und sowohl strukturierte als auch unstrukturierte Daten. Ein KI-Modell kann beispielsweise eine Tabelle mit Kundendaten, die Namen, Adressen und Kaufhistorie enthält (strukturierte Daten), aber auch den Inhalt von E-Mails oder Tweets (unstrukturierte Daten) verarbeiten.

Ein entscheidender Aspekt im KI-Workflow ist das *Feature Engineering*. Da KI-Modelle Muster in Daten erkennen, müssen die Rohdaten oft in eine Form gebracht werden, die für den Lernalgorithmus sinnvoll ist. Feature Engineering bedeutet, dass relevante Merkmale (Features) aus den Rohdaten extrahiert oder konstruiert werden. Dies kann ein manueller Schritt sein, bei dem menschliche Experten ihr Wissen nutzen, um die wichtigsten Informationen aus den Daten zu destillieren. Wenn wir zum Beispiel Text analysieren, könnten manuell erstellte Features die Anzahl der Wörter, die Häufigkeit bestimmter Begriffe oder die Satzlänge sein. Für Bilder könnte ein Mensch entscheiden, dass die Anzahl der Ecken oder die durchschnittliche Farbe eines Objekts wichtige Merkmale sind. Mit dem Aufkommen von Deep Learning hat sich jedoch auch das *gelernte Feature Engineering* etabliert. Hierbei lernen die neuronalen Netze selbstständig, welche Merkmale aus den Rohdaten am relevantesten sind, um die gestellte Aufgabe zu lösen. Das ist ein großer Vorteil, da es den manuellen Aufwand reduziert und oft zu besseren Ergebnissen führt. Stell dir vor, ein neuronales Netz lernt selbst, welche Pixelkombinationen am besten ein menschliches Auge oder eine Nase beschreiben, anstatt dass ein Mensch diese Merkmale explizit programmieren muss.

Literaturhinweise zu 4.3 Umgang mit Daten und deren Repräsentation

- **Lim, B., et al. (2021). Time-Series Generative Adversarial Networks. *Advances in Neural Information Processing Systems, 34* , 24522–24535.** Obwohl spezifisch für Zeitreihen-GANs, verdeutlicht diese Arbeit, wie KI-Modelle mit komplexen, nicht-traditionellen Datenrepräsentationen (hier: Zeitreihen für Generative KI) umgehen und daraus lernen können. Dies steht im Kontrast zur stärker physikalisch gebundenen Repräsentation in der DSV.
- **Duda, R. O., Hart, P. E., & Stork, D. G. (2001). *Pattern Classification* (2nd ed.). Wiley.** Dieses Grundlagenwerk im Bereich der Mustererkennung beschreibt ausführlich die Bedeutung von Merkmalsextraktion und Feature Engineering in traditionellen KI/ML-Anwendungen, die oft vor der Ära des Deep Learning manuelle Schritte erforderte. Es zeigt die breite Palette von Daten, mit denen KI umgehen kann.
- **Mallat, S. (2009). *A Wavelet Tour of Signal Processing: The Sparse Way* (3rd ed.). Academic Press.** Dieses Buch ist ein Standardwerk für die Repräsentation von Signalen in der DSV, insbesondere unter Verwendung von Wavelets. Es zeigt die tiefe Verbindung zwischen der mathematischen Struktur der Signale und ihrer digitalen Darstellung auf, die oft strukturierte numerische Daten umfasst und direkt an die physikalische Natur des Signals gebunden ist.

4.4 Interpretierbarkeit und Erklärbarkeit der Ergebnisse

Die Frage, wie gut wir verstehen können, warum ein System eine bestimmte Entscheidung trifft oder ein bestimmtes Ergebnis liefert, ist ein weiterer wichtiger Unterschied zwischen DSV und KI.

4.4.1 DSV: Algorithmen und deren Ergebnisse sind oft gut interpretierbar, da sie auf bekannten mathematischen Prinzipien und Signalmodellen basieren

In der Digitalen Signalverarbeitung sind die Algorithmen und deren Ergebnisse oft sehr gut interpretierbar. Da DSV-Methoden auf klaren, bekannten mathematischen Prinzipien und Signalmodellen basieren, kann ein Ingenieur in der Regel genau nachvollziehen, wie und warum ein bestimmter Filter eine bestimmte Wirkung auf ein Signal hatte. Wenn ein Tiefpassfilter verwendet wird, um hohe Frequenzen aus einem Audiosignal zu entfernen (z. B. ein Zischen zu reduzieren), ist klar, welche Frequenzen entfernt wurden und warum das Signal danach glatter oder weniger schrill ist. Der Ingenieur kann das mathematisch berechnen und beweisen.

Diese Transparenz ist ein großer Vorteil in Anwendungen, wo es auf Verlässlichkeit und Nachvollziehbarkeit ankommt, wie zum Beispiel in der *Medizintechnik* (bei der Analyse von EKG-Signalen, wo jeder Peak und jede Senke eine spezifische physiologische Bedeutung hat) oder in der *industriellen Steuerung* (wo ein System genau wissen muss, warum eine Maschine in einer bestimmten Weise reagiert). Man kann oft mathematisch beweisen, dass der Algorithmus korrekt funktioniert und die gewünschten Eigenschaften besitzt.

4.4.2 KI: Besonders bei komplexen Modellen wie tiefen neuronalen Netzen kann die Interpretierbarkeit eine Herausforderung darstellen (Forschungsfeld Explainable AI - XAI)

In der Künstlichen Intelligenz, insbesondere bei komplexen Modellen wie tiefen neuronalen Netzen, kann die Interpretierbarkeit der Ergebnisse eine erhebliche Herausforderung darstellen. Da diese Modelle ihre Muster aus riesigen Datenmengen selbstständig lernen und oft Milliarden von Parametern (Zahlen, die die Stärke der Verbindungen zwischen den Neuronen darstellen) besitzen, ist es extrem schwierig, genau nachzuvollziehen, welche spezifischen Merkmale oder Kombinationen von Merkmalen zu einer bestimmten Entscheidung geführt haben. Wenn ein neuronales Netz ein Bild als „Katze" klassifiziert, können wir nicht immer genau sagen, welche Pixelmuster oder Formen es zur Basis dieser Entscheidung herangezogen hat. Es ist so, als ob ein Kind ein komplexes Problem löst, aber nicht erklären kann, wie es auf die Lösung gekommen ist, weil es die Antwort „intuitiv“ gefunden hat.

Dies führt zum Problem der *„Black-Box“-Modelle*, bei denen wir die Eingabe und die Ausgabe kennen, aber der interne Entscheidungsprozess intransparent bleibt. In vielen Anwendungen, wie beispielsweise bei der *Diagnose von Krankheiten* (Warum schlägt die KI diese Krankheit vor?), der *Kreditwürdigkeitsprüfung* (Warum bekommt diese Person keinen Kredit?) oder bei *autonomen Fahrzeugen* (Warum hat das Auto in dieser Situation so reagiert?), ist es jedoch unerlässlich, die Entscheidungen eines KI-Systems nachvollziehen und erklären zu können. Aus diesem Grund ist die *Erklärbare KI (Explainable AI – XAI)* zu einem wichtigen und aktiven Forschungsfeld geworden. XAI-Techniken versuchen, Methoden zu entwickeln, um die Entscheidungen von KI-Modellen verständlicher und nachvollziehbarer zu machen, sei es durch das Hervorheben relevanter Eingabebereiche (z. B. welche Teile eines Bildes das Netzwerk zur Entscheidung bewogen haben), die Visualisierung von Aktivierungen in den Netzwerken oder die Generierung von Erklärungen in natürlicher Sprache.

Literaturhinweise zu 4.4 Interpretierbarkeit und Erklärbarkeit der Ergebnisse

- **Adadi, A., & Berrada, M. (2018). Peeking Inside the Black-Box: A Survey on Explainable Artificial Intelligence (XAI).** ***IEEE Access, 6*** **, 52138–52160.** Dieser Übersichtsartikel bietet einen umfassenden Überblick über das Forschungsfeld der Erklärbaren KI (XAI). Er beleuchtet die Herausforderungen der Interpretierbarkeit von KI-Modellen, insbesondere bei komplexen neuronalen Netzen, und die verschiedenen Ansätze, diese Transparenz zu erhöhen, was für sicherheitskritische DSV-Anwendungen entscheidend ist.
- **Barredo Arrieta, A., Díaz-Rodríguez, N., Del Ser, J., Bennetot, A., Tabik, C., Barbado, A., … & Herrera, F. (2020). Explainable Artificial Intelligence (XAI): Concepts, taxonomies, opportunities and challenges toward responsible AI.** ***Information Fusion, 58*****, 82–115.** Eine weitere wichtige Übersichtsarbeit, die die Konzepte von XAI vertieft. Sie diskutiert die Notwendigkeit von Interpretierbarkeit und Erklärbarkeit der Ergebnisse von KI-Modellen für eine verantwortungsbewusste KI, insbesondere im Kontext von Anwendungen wie der medizinischen Diagnose und dem autonomen Fahren.
- **Oppenheim, A. V., & Schafer, R. W. (1999).** ***Discrete-Time Signal Processing*** **(2nd ed.). Prentice Hall.** Dieses grundlegende DSV-Lehrbuch veranschaulicht durch seine detaillierten mathematischen Herleitungen und Modellbeschreibungen, warum traditionelle Signalverarbeitungsalgorithmen inhärent interpretierbarer sind. Man kann die Wirkung jedes Schritts im Algorithmus klar nachvollziehen, da sie auf bekannten mathematischen Prinzipien basieren.

4.5 Historische Entwicklungspfade und deren unterschiedliche Schwerpunkte bis zur rezenten Konvergenz

Die *historischen Entwicklungspfade* der Digitalen Signalverarbeitung und der Künstlichen Intelligenz waren lange Zeit weitgehend getrennt und hatten unterschiedliche Schwerpunkte, doch in den letzten Jahren beobachten wir eine zunehmende *Konvergenz.*

Die *Digitale Signalverarbeitung* entstand hauptsächlich aus den Bedürfnissen der Kommunikationstechnik, der Radarentwicklung und der Medizintechnik. Ihre Wurzeln reichen bis in die Mitte des 20. Jahrhunderts zurück, mit der Entwicklung von Digitalrechnern, die in der Lage waren, komplexe mathematische Operationen schnell durchzuführen. Die DSV konzentrierte sich auf die effiziente und genaue Verarbeitung von Signalen für spezifische, gut definierte Aufgaben wie Filterung, Kompression und Spektralanalyse. Sie profitierte von Fortschritten in der Halbleitertechnologie und der Entwicklung schneller Algorithmen wie der *Fast Fourier Transformation (FFT)*, die es ermöglicht, ein Audiosignal schnell in seine Frequenzanteile zu zerlegen. Ihr Schwerpunkt lag stets auf der physikalischen Realität der Signale und der mathematischen Präzision der Algorithmen.

Die *Künstliche Intelligenz* hingegen hatte, wie wir bereits gesehen haben, eine wechselvolle Geschichte, die von Phasen des großen Optimismus und der „KI-Winter" geprägt war. Die frühen Jahre der KI, die sich stark auf die symbolische KI und logisches Schlussfolgern konzentrierten, hatten wenig Berührungspunkte mit der DSV. Die Schwerpunkte der KI lagen auf der Nachbildung menschlicher Denkprozesse, der Problemlösung durch Suche (wie beim Schachspielen) und der Wissensrepräsentation (wie in Expertensystemen). Man versuchte, Intelligenz durch das Kodieren von explizitem Wissen und Regeln zu erreichen. Die Datenmengen waren damals noch vergleichsweise gering, und die Rechenleistung beschränkt. Es war wie zwei verschiedene Forschungsteams, die an völlig unterschiedlichen Problemen arbeiteten, obwohl sie beide Computer nutzten.

Die *rezente Konvergenz* beider Felder ist primär auf den Aufstieg des *Maschinellen Lernens* zurückzuführen, insbesondere des *Deep Learning.* Plötzlich konnten KI-Systeme aus riesigen Mengen unstrukturierter Daten lernen, und diese Daten waren oft Signale: Bilder, Audio, Video. Die modernen neuronalen Netze benötigen nicht nur immense Rechenleistung, sondern auch effiziente Algorithmen zur Verarbeitung dieser „Rohsignale"

Hier kommen die Techniken der DSV ins Spiel. Für die Vorverarbeitung von Audiosignalen für Spracherkennung oder Bilddaten für Computer Vision werden oft DSV-Techniken wie Filterung (um Rauschen aus einem Mikrofon-Signal zu entfernen), Frequenzanalyse (um die Tonhöhe einer Stimme zu bestimmen) oder Dimensionsreduktion (um ein großes Bild auf seine wichtigsten Informationen zu verkleinern) angewendet, bevor die Daten den neuronalen Netzen zugeführt werden. Umgekehrt ermöglichen es die Lernfähigkeiten der KI, dass die Systeme selbst lernen, optimale Filter oder Transformationen zu finden, die früher manuell entworfen werden mussten. Beispielsweise können *Konvolutionale Neuronale Netze (CNNs)* in der Bildverarbeitung als eine Art lernende

Filter verstanden werden, die lernen, die wichtigsten Merkmale aus den Rohpixeln zu extrahieren – eine Aufgabe, die zuvor oft mit manuell entwickelten DSV-Filtern gelöst wurde. Ein CNN, das Gesichter erkennt, lernt automatisch in seinen ersten Schichten Filter, die Augen, Nasen und Mundpartien hervorheben, anstatt dass ein Mensch diese Filter vordefiniert.

Diese Konvergenz führt dazu, dass Grenzen verschwimmen. Moderne Systeme für Spracherkennung (wie die Sprachsteuerung in deinem Handy), Computer Vision (wie die Objekterkennung in autonomen Autos) oder autonomes Fahren sind oft *Hybridsysteme*, die sowohl bewährte DSV-Methoden für die Signalvorverarbeitung und -analyse nutzen als auch leistungsstarke KI-Modelle für das Lernen von Mustern und die Entscheidungsfindung. Die DSV liefert hier eine robuste und effiziente Grundlage für die präzise Handhabung von Rohdaten, während die KI die Intelligenz und Anpassungsfähigkeit hinzufügt, um komplexe, unstrukturierte Probleme zu lösen, die mit reiner DSV nicht bewältigt werden könnten. Diese Symbiose verspricht, die nächste Generation intelligenter Systeme zu befeuern, die noch leistungsfähiger und vielseitiger sein werden.

Literaturhinweise zu 4.5 Historische Entwicklungspfade und deren unterschiedliche Schwerpunkte bis zur rezenten Konvergenz

- **Jordan, M. I. (2019). Artificial Intelligence – The Revolution Hasn't Happened Yet. *Harvard Data Science Review, 1*(1).** Dieser Artikel von einem führenden Wissenschaftler im Bereich ML beleuchtet die historische Entwicklung von KI und Maschinellem Lernen und argumentiert, dass die wahre Revolution noch bevorsteht, wobei die Konvergenz von Statistik, Optimierung und Informatik (einschließlich DSV) eine Schlüsselrolle spielt.
- **Wold, H. (1966). *Estimation of Principal Components and Related Models by Iterative Least Squares*. In *Multivariate Analysis* (pp. 391–420). Academic Press.** Obwohl ein älteres mathematisches Werk, illustriert dies, wie grundlegende Techniken, die später in der DSV und dann in der KI (PCA für Dimensionsreduktion) verwendet wurden, ihre Wurzeln in der Statistik und numerischen Analyse haben. Es verdeutlicht, wie überlappende mathematische Grundlagen im Laufe der Zeit in verschiedenen Disziplinen angewendet wurden, was zur Konvergenz beiträgt.
- **Deng, L., & Yu, D. (2014). Deep Learning: Methods and Applications. *Foundations and Trends in Signal Processing, 7*(3–4), 197–387.** Dieses umfassende Werk beschreibt die Methoden und Anwendungen von Deep Learning und zeigt implizit die Konvergenz auf, indem es aufzeigt, wie Deep Learning (eine KI-Methode) zunehmend für klassische Signalverarbeitungsaufgaben eingesetzt wird, was die Verschmelzung der Felder demonstriert und die unterschiedlichen Schwerpunkte im Laufe der Geschichte zusammenführt.

Die Synergie: Wie KI und DSV Hand in Hand arbeiten – Das „Power-Duo" 5

Die Welten der *Digitalen Signalverarbeitung (DSV)* und der *Künstlichen Intelligenz (KI)* scheinen auf den ersten Blick vielleicht eng miteinander verwandt, doch ihr wahres Potenzial entfaltet sich erst, wenn sie *Hand in Hand arbeiten.* Sie sind kein Gegeneinander, sondern ein „Power-Duo", das sich gegenseitig ergänzt und revolutioniert. Diese Synergie ist der Schlüssel zu vielen der beeindruckendsten technologischen Fortschritte, die wir heute erleben, und wird die Zukunft weiter prägen.

5.1 DSV als Fundament und „Enabler" für KI

Die Digitale Signalverarbeitung bildet oft das *Fundament* und ist der entscheidende *„Enabler"* für viele KI-Anwendungen, insbesondere wenn die KI mit realen Sensordaten wie Bildern, Audio oder Videos interagieren muss. Ohne die präzisen und robusten Techniken der DSV wäre es für KI-Systeme oft unmöglich, aussagekräftige Informationen aus der rauen und unstrukturierten Welt der analogen Signale zu gewinnen.

5.1.1 Vorverarbeitung von Signalen für KI-Systeme

Bevor ein KI-Modell sinnvoll mit Daten arbeiten kann, müssen diese oft aufbereitet werden. Hier spielt die DSV eine unverzichtbare Rolle, indem sie Rohsignale in eine Form bringt, die für die KI verständlich und nützlich ist.

U. Karrenberg, *Das unzertrennliche Duo: Digitale Signalverarbeitung und Künstliche Intelligenz*, https://doi.org/10.1007/978-3-662-72296-1_5

5.1.1.1 Rauschunterdrückung und Signalverbesserung (z. B. Filterung, Mittelung) zur Erhöhung der Robustheit von KI-Modellen

Stell dir vor, du versuchst, deinem Smart Speaker ein Sprachkommando zu geben, während im Hintergrund Musik läuft oder der Staubsauger brummt. Wenn der Smart Speaker die rohen, verrauschten Audiodaten direkt an seine KI zur Spracherkennung weitergeben würde, hätte die KI große Schwierigkeiten, deine Stimme von den Störgeräuschen zu unterscheiden. Hier kommt die DSV ins Spiel. Sie nutzt Techniken, wie das *Filtern*, um die unerwünschten Frequenzbereiche des Staubsaugers zu entfernen, ähnlich wie ein Radio einen Sender klarer macht, indem es Störgeräusche ausblendet. Oder die *Mittelung* wird eingesetzt, wenn das System dieselbe Information mehrmals empfängt, um das eigentliche Signal zu verstärken und das Zufallsrauschen zu reduzieren, so wie man bei einem Foto mehrere Aufnahmen macht und diese übereinanderlegt, um ein schärferes Bild zu erhalten. Durch solche DSV-Techniken wird das Audiosignal „gereinigt", bevor es zur Spracherkennungs-KI gelangt. Das Ergebnis ist ein *saubereres Signal*, das die *Robustheit des KI-Modells* erheblich steigert. Die KI muss sich dann nicht mehr mit dem Rauschen herumschlagen und kann sich auf die Erkennung deiner Worte konzentrieren, was zu einer viel genaueren und zuverlässigeren Spracherkennung führt. Ohne diese Vorverarbeitung wäre die KI quasi taub.

5.1.1.2 Segmentierung und Fensterung von Signalen

Viele Signale, insbesondere Zeitreihensignale wie Audio oder Sensordaten, sind kontinuierlich und können sehr lang sein. Ein KI-Modell kann jedoch oft nicht mit unendlich langen Signalen umgehen, sondern benötigt kleinere, handhabbare Abschnitte. Hier sind die *Segmentierung und Fensterung* wichtige DSV-Techniken. Stell dir vor, du hast eine lange Tonaufnahme, auf der viele verschiedene Sätze gesprochen werden. Für die Spracherkennung ist es sinnvoll, diese lange Aufnahme in einzelne Sätze oder sogar einzelne Wörter zu zerlegen. Das ist die *Segmentierung*, so wie man ein langes Buch in übersichtliche Kapitel oder Abschnitte aufteilt. Oder stell dir vor, du analysierst Vibrationen einer Maschine: Du möchtest vielleicht immer nur kleine Abschnitte der Vibrationsdaten analysieren, um Muster zu erkennen. Hierfür würde man ein „Fenster" von einer bestimmten Länge über das Signal schieben und diesen Fensterinhalt verarbeiten. Das nennt man *Fensterung*, ähnlich wie ein Spotlight, das nur einen kleinen Bereich einer Bühne beleuchtet, damit man sich auf diesen konzentrieren kann. Diese Schritte sind entscheidend, um sicherzustellen, dass die KI mit Daten in der richtigen „Größe" und im richtigen „Kontext" arbeitet, was für die Erkennung von Mustern unerlässlich ist.

5.1.1.3 Normalisierung und Standardisierung von Signalmerkmalen

KI-Algorithmen arbeiten oft besser, wenn die Eingabedaten in einem bestimmten Bereich liegen oder eine ähnliche Verteilung aufweisen. Stell dir vor, du trainierst eine KI, die Immobilienpreise vorhersagt. Wenn ein Merkmal, die „Anzahl der Zimmer", Werte zwischen 1 und 10 hat, während ein anderes Merkmal, die „Wohnfläche in Quadratmetern", Werte zwischen 50 und 500 haben kann, dann könnte das Merkmal „Wohnfläche" die

KI beim Lernen dominieren, einfach weil seine Zahlen viel größer sind. Hier helfen die *Normalisierung* und *Standardisierung*, beides DSV-Techniken. Bei der Normalisierung werden die Signalwerte oft so skaliert, dass sie in einem festen Bereich liegen, zum Beispiel zwischen 0 und 1. Das ist, als würdest du alle Noten einer Klasse auf eine Skala von 1 bis 6 umrechnen, damit sie vergleichbar sind. Die Standardisierung transformiert die Daten so, dass sie einen Mittelwert von Null und eine Standardabweichung von Eins haben, was bedeutet, dass die Daten um einen zentralen Wert herum verteilt sind, und die Abweichungen davon eine Standardgröße haben. Das ist so, als würdest du alle Schüler einer Klasse im Sportunterricht so messen, dass der Durchschnitt der Leistung bei Null liegt und die Abweichungen darum herum gleichmäßig verteilt sind. Diese Schritte sind entscheidend, um zu verhindern, dass bestimmte Merkmale mit größeren Werten die Lernprozesse der KI dominieren, und um die Konvergenz (also das erfolgreiche Lernen) der Lernalgorithmen zu beschleunigen.

Literaturhinweise zu 5.1.1 Vorverarbeitung von Signalen für KI-Systeme

- **Oppenheim, A. V., & Schafer, R. W. (1999).** ***Discrete-Time Signal Processing*** **(2nd ed.). Prentice Hall.** Dieses grundlegende Lehrbuch der DSV ist unverzichtbar für das Verständnis von Filterung, Rauschunterdrückung, Segmentierung, Fensterung und Signalverbesserungstechniken. Es legt die mathematischen Grundlagen dar, die für die Vorverarbeitung von Signalen für KI-Systeme unerlässlich sind.
- **Rabiner, L. R., & Schafer, R. W. (2011).** ***Theory and Applications of Digital Speech Processing*****. Pearson Education.** Speziell auf Sprachsignale zugeschnitten, erklärt dieses Buch detailliert Techniken zur Rauschunterdrückung, Segmentierung und Fensterung von Audiodaten. Diese sind entscheidend für Spracherkennung und andere sprachbasierte KI-Anwendungen, da sie die Rohdaten für das Lernen der KI aufbereiten.
- **Jain, A. K. (1989).** ***Fundamentals of Digital Image Processing*****. Prentice Hall.** Dieses Werk bietet eine umfassende Einführung in die Bildverarbeitung und die damit verbundenen DSV-Techniken, wie zum Beispiel die Filterung zur Rauschunterdrückung und Bildverbesserung. Solche Methoden dienen als essenzielle Vorbereitung für Computer-Vision-Systeme, um klare Eingabedaten zu gewährleisten.
- **Goodfellow, I., Bengio, Y., & Courville, A. (2016).** ***Deep Learning*****. MIT Press.** Obwohl es primär um Deep Learning geht, betonen die Autoren die Bedeutung einer guten Datenvorbereitung für den Trainingserfolg neuronaler Netze, wodurch die Rolle der DSV-Techniken für Normalisierung, Standardisierung und Rauschunterdrückung indirekt untermauert wird.

5.1.2 Merkmalsextraktion (Feature Engineering) mittels DSV-Techniken

Bevor neuronale Netze in vielen Bereichen dominierten, war die *Merkmalsextraktion* ein besonders wichtiger Schritt im Machine-Learning-Prozess. Hierbei werden aus den ursprünglichen Daten die entscheidenden Eigenschaften, sogenannte Merkmale, herausgefiltert, die für die KI am aussagekräftigsten sind. Die DSV bietet ein reiches Arsenal an Techniken, um aus Rohsignalen solche aussagekräftigen Merkmale zu extrahieren, die für KI-Modelle leichter zu verarbeiten sind. Das ist wie das Destillieren von Informationen: Aus einem langen Text ziehst du die wichtigsten Schlagworte heraus, die das Thema am besten beschreiben.

5.1.2.1 Zeitbereichsmerkmale (Statistiken, Hüllkurven etc.)

Im Zeitbereich können DSV-Techniken verwendet werden, um grundlegende *statistische Merkmale* aus Signalen zu extrahieren. Stell dir vor, du analysierst ein Audiosignal, um zu erkennen, ob es sich um gesprochene Sprache oder Musik handelt. Du könntest den *Mittelwert* der Lautstärke ü ber eine Sekunde nehmen, der dir einen Eindruck davon gibt, wie laut der gesamte Abschnitt ist. Die *Standardabweichung* der Lautstärke würde dir verraten, wie stark die Lautstärke schwankt, was bei Sprache oft anders ist als bei konstanter Musik. Der *Maximal- oder Minimalwert* der Lautstärke zeigt dir die höchsten oder niedrigsten Spitzen. Auch die *Energie des Signals*, die die Gesamtstärke des Tons beschreibt, oder die *Nulldurchgangsrate,* also wie oft das Signal die Nulllinie kreuzt (was bei hochfrequenten Tönen häufiger der Fall ist), sind wichtige Zeitbereichsmerkmale. Die *Hüllkurven* eines Signals beschreiben, wie sich die Amplitudenänderungen über die Zeit entwickeln, beispielsweise wie schnell ein Ton lauter und wieder leiser wird. All diese Merkmale fassen wichtige Eigenschaften des Signals in kompakten Zahlen zusammen, die eine KI dann effizient verarbeiten kann, um die Art des Audiosignals zu klassifizieren.

5.1.2.2 Frequenzbereichsmerkmale (Spektralkomponenten, MFCCs für Sprache, Cepstrale Koeffizienten)

Oft verbergen sich wichtige Informationen eines Signals nicht nur im Zeitbereich, sondern vor allem im *Frequenzbereich.* Die DSV stellt hier leistungsstarke Werkzeuge wie die *Fast Fourier Transformation (FFT)* zur Verfügung, um ein Signal in seine einzelnen Frequenzkomponenten zu zerlegen. Stell dir vor, du hörst einen Klang, der aus vielen verschiedenen Tönen besteht, wie ein Akkord auf einem Klavier. Die FFT kann diese Töne in ihre Grundfrequenzen und Obertöne zerlegen, sodass du genau siehst, welche Töne mit welcher Stärke vorhanden sind. *Spektralkomponenten* wie die Energie in bestimmten Frequenzbändern sind klassische Merkmale, die dann einer KI zugeführt werden können, zum Beispiel, um die Art eines Musikinstruments zu erkennen – eine Geige klingt anders als eine Trompete, weil sie unterschiedliche Frequenzmuster erzeugt. Für die Spracherkennung sind *Mel-Frequency Cepstral Coefficients (MFCCs)* ein Paradebeispiel. Sie sind eine spezielle Art von Frequenzbereichsmerkmalen, die die Art und Weise imitieren, wie das menschliche Ohr Frequenzen wahrnimmt (wir hören tiefe Töne anders als hohe), und sind extrem robust für Spracherkennungsaufgaben, da sie die Klangfarbe einer Stimme gut erfassen, unabhängig von der genauen Tonhöhe. Auch *Cepstrale Koeffizienten* finden Anwendung, um die Form der spektralen Hüllkurve eines Signals zu charakterisieren, was besonders in der Spracherkennung und Audiosignalverarbeitung nützlich ist, um zu verstehen, wie die menschlichen Stimmbänder und der Resonanzraum des Mundes den Klang formen und ihm seine einzigartige Qualität verleihen.

5.1.2.3 Wavelet-Merkmale für zeit-frequente Analyse

Manchmal ändern sich die Frequenzeigenschaften eines Signals sehr schnell über die Zeit. Ein Herzschlag im EKG beispielsweise hat schnell wechselnde Frequenzen, die zu einem bestimmten Zeitpunkt auftreten. Hier sind Wavelet-Transformationen und die daraus abgeleiteten Wavelet-Merkmale von unschätzbarem Wert. Im Gegensatz zur FFT, die das Signal global in den Frequenzbereich überführt (als ob du ein ganzes Musikstück auf einmal nach seinen Tönen analysierst und dabei vergisst, wann welcher Ton gespielt wurde), ermöglichen Wavelets eine zeit-frequente Analyse. Das bedeutet, sie können sowohl die Frequenzinformation als auch den Zeitpunkt, zu dem diese Frequenz auftrat, erfassen. Stell dir vor, du hörst eine Vogelstimme: Ein Wavelet könnte erkennen, wann genau der Vogel einen hohen Ton und wann einen tiefen Ton von sich gegeben hat, und zwar in welchem Moment des Zwitscherns. Dies ist besonders nützlich für nichtstationäre Signale, bei denen sich die Frequenzen schnell ändern, wie zum Beispiel in biomedizinischen Signalen (EEG-Signale des Gehirns, EKG-Signale des Herzens), um ungewöhnliche Aktivitäten zu erkennen, oder in der *Analyse von Maschinenschwingungen*, um Verschleiß zu erkennen, der nur kurzzeitig auftritt.

5.1.2.4 Reduktion der Dimensionalität und Komplexität für nachfolgende KI-Algorithmen

Schließlich können DSV-Techniken auch zur *Reduktion der Dimensionalität und Komplexität* von Daten beitragen. Wenn wir beispielsweise ein hochauflösendes Bild von 1000 × 1000 Pixeln haben, sind das eine Million Dimensionen (eine Million Zahlen, die das Bild beschreiben). Eine direkte Verarbeitung durch klassische KI-Algorithmen wäre extrem rechenintensiv und ineffizient. DSV-Methoden wie die *Hauptkomponentenanalyse (PCA)*, die wir in Teil II kennengelernt haben, können hier verwendet werden, um die wichtigsten Informationen zu extrahieren und die Datenmenge zu reduzieren, sodass nachfolgende KI-Algorithmen effizienter arbeiten können. Es ist, als würdest du eine sehr detaillierte Landkarte auf eine kleinere, übersichtlichere Karte reduzieren, die immer noch alle wichtigen Städte und Straßen zeigt, aber die unwichtigen Details weglässt und dir so die Navigation erleichtert. Dies spart Rechenzeit und Speicherplatz und hilft, das Problem des *„Fluchs der Dimensionalität"* zu vermeiden, wo KI-Modelle bei zu vielen Merkmalen Schwierigkeiten bekommen, relevante Muster zu finden oder gar zu lernen.

Literaturhinweise zu 5.1.2 Merkmalsextraktion (Feature Engineering) mittels DSV-Techniken

- **Duda, R. O., Hart, P. E., & Stork, D. G. (2001).** ***Pattern Classification*** **(2nd ed.). Wiley.** Dieses grundlegende Werk der Mustererkennung hebt die Bedeutung von Merkmalsextraktion hervor und beschreibt verschiedene Methoden zur Merkmalsextraktion, einschließlich Zeit- und Frequenzbereichsmerkmalen, die für die Verarbeitung von Signalen durch KI-Systeme entscheidend sind.
- **Rabiner, L. R., & Juang, B. H. (1993).** ***Fundamentals of Speech Recognition*****. Prentice Hall.** Ein Klassiker in der Spracherkennung, der ausführlich die Berechnung und Bedeutung von MFCCs (Mel-Frequency Cepstral Coefficients) und anderen cepstralen Koeffizienten erklärt. Diese gehören zu den wichtigsten Frequenzbereichsmerkmalen für Sprach-KI, um die Klangfarbe der Stimme zu erfassen.
- **Mallat, S. (2009).** ***A Wavelet Tour of Signal Processing: The Sparse Way*** **(3rd ed.). Academic Press.** Dieses Buch bietet eine umfassende Einführung in die Wavelet-Transformation und deren Anwendung zur Merkmalsextraktion und zeit-frequenten Analyse von Signalen. Dies ist besonders vorteilhaft für die Verarbeitung nicht-stationärer Signale in KI-Anwendungen, bei denen sich Frequenzen schnell ändern.
- **Theodoridis, S. (2015).** ***Machine Learning: A Bayesian and Optimization Perspective*** **(2nd ed.). Academic Press.** Dieses Lehrbuch behandelt die Grundlagen der Dimensionsreduktion, einschließlich der Hauptkomponentenanalyse (PCA), und zeigt ihre Rolle bei der Vereinfachung von Daten für maschinelle Lernalgorithmen auf. Dies reduziert die Komplexität und beschleunigt das Lernen der KI.

5.1.3 Datenaugmentation durch DSV-basierte Transformationen: Erzeugung künstlicher Trainingsdaten durch Hinzufügen von Rauschen, Zeitverschiebung, Skalierung, Filterung etc

Ein häufiges Problem im Maschinellen Lernen ist der Mangel an ausreichend Trainingsdaten, insbesondere für seltene Ereignisse. Stell dir vor, du möchtest eine KI trainieren, die ein spezifisches, seltenes Geräusch erkennt, zum Beispiel das Quietschen einer defekten Bremse in einem Zug. Du hast aber nur wenige Aufnahmen davon. Die *Datenaugmentation* ist eine leistungsstarke Technik, um die Größe und Vielfalt des Trainingsdatensatzes künstlich zu erweitern. Hierbei können *DSV-basierte Transformationen* eine entscheidende Rolle spielen. Du könntest zum Beispiel die wenigen vorhandenen Aufnahmen des Quietschgeräuschs nehmen und künstlich Rauschen hinzufügen, um die Bedingungen der realen Welt zu simulieren. Du könntest sie zeitlich leicht verschieben (ein kurzes Echo hinzufügen, als ob das Geräusch in einem anderen Raum aufgenommen wurde) oder die

Tonhöhe oder Geschwindigkeit skalieren (als ob es von einem anderen Zug kommt oder sich die Drehzahl ändert). Man kann auch verschiedene Filter anwenden, um Variationen zu erzeugen, die das reale Spektrum der Daten besser widerspiegeln. Für Bilder kann man das Hinzufügen von Rauschen, das Verzerren, Drehen oder Helligkeitsänderungen nutzen, um die Trainingsbilder vielfältiger zu gestalten. Durch diese künstlich erzeugten Variationen lernt das KI-Modell, robuster gegenüber solchen Änderungen in den realen Daten zu sein, was seine Generalisierungsfähigkeit und Leistung erheblich verbessert, ohne dass man teure neue Daten sammeln muss.

Literaturhinweise zu 5.1.3 Datenaugmentation durch DSV-basierte Transformationen

- **Shorten, C., & Khoshgoftaar, T. M. (2019). A survey on image data augmentation for deep learning.** ***Journal of Big Data, 6*(1), 60.** Dieser Übersichtsartikel konzentriert sich auf Bilddatenaugmentation, beschreibt aber viele Prinzipien, die auch auf andere Signalarten übertragbar sind. Er zeigt, wie Hinzufügen von Rauschen, Skalierung und Filterung genutzt werden, um die Robustheit von Deep-Learning-Modellen zu erhöhen und die Vielfalt der Trainingsdaten künstlich zu erweitern.
- **Wang, R., Li, T., Wang, Y., & Wei, R. (2020). Data augmentation for deep learning-based speech enhancement.** ***Speech Communication, 122*, 103.** Diese spezifische Studie zeigt die Anwendung von DSV-basierten Transformationen wie dem Hinzufügen von Rauschen und der Zeitverschiebung für die Datenaugmentation im Bereich der Sprachverbesserung mit Deep Learning. Dies verdeutlicht, wie man Trainingsdaten künstlich variieren kann, um die Lernfähigkeit der KI zu verbessern.
- **Paszke, A., Gross, S., Massa, F., Lerer, A., Bradbury, J., Chanan, G., … & Chintala, S. (2019). PyTorch: An Imperative Style, High-Performance Deep Learning Library.** ***Advances in Neural Information Processing Systems, 32.*** Obwohl es sich um eine Software-Bibliothek handelt, zeigt die Dokumentation und die Anwendungsbeispiele von PyTorch, wie weit verbreitet DSV-basierte Datenaugmentationsstrategien in modernen Deep-Learning-Workflows sind und wie sie direkt implementiert werden können, um die Trainingsdatensätze zu vergrößern und die Modelle robuster zu machen.

5.1.4 Signalkompression und -repräsentation: Effiziente Darstellung von Signalen für die Verarbeitung durch KI

Die DSV ist auch der Vorreiter in Techniken der *Signalkompression.* Wenn KI-Modelle mit riesigen Mengen von Multimedia-Daten (Bilder, Videos, Audio) arbeiten müssen, ist eine effiziente Darstellung von Signalen unerlässlich, um Speicherplatz zu sparen und die Verarbeitung zu beschleunigen. Stell dir vor, du möchtest eine riesige Sammlung von hochauflösenden Fotos auf deinem Computer speichern oder Videos in HD-Qualität über das Internet streamen. Ohne Kompression würde der Speicherplatz schnell voll und die Übertragung sehr langsam. Kompressionsalgorithmen wie *JPEG für Bilder* oder *MP3 für Audio*, die tief in der DSV verwurzelt sind, reduzieren die Dateigröße, oft ohne nennenswerten Verlust an relevanter Information. Wenn du ein Foto auf deinem Handy speicherst oder Musik streamst, werden diese Daten in der Regel komprimiert. Diese komprimierten Daten können dann effizienter von KI-Systemen verarbeitet werden, da weniger Datenmengen verarbeitet werden müssen. Die DSV stellt hierbei die mathematischen Grundlagen bereit, um Signale so zu kodieren, dass die für die KI relevanten Informationen erhalten bleiben, während irrelevante oder redundante Daten entfernt werden, ähnlich wie man einen langen Text auf die wichtigsten Fakten reduziert, um sie leichter zu merken und schneller zu verarbeiten.

Literaturhinweise zu 5.1.4 Signalkompression und -repräsentation

- **Pennebaker, W. B., & Mitchell, J. L. (1992).** ***JPEG Still Image Data Compression Standard*****. Van Nostrand Reinhold.** Dieses Buch ist eine detaillierte Beschreibung des JPEG-Kompressionsstandards, der auf grundlegenden DSV-Prinzipien wie der diskreten Kosinustransformation (DCT) basiert. Es zeigt, wie effiziente Signalrepräsentation für Bilder erreicht wird, was für die Speicherung und Verarbeitung großer Bilddatensätze durch KI-Systeme unerlässlich ist.
- **Bosi, M., & Goldberg, R. E. (2002).** ***Introduction to Digital Audio Coding and Standards*****. Wiley-Interscience.** Ein Standardwerk zur Audiokodierung, das die DSV-Grundlagen von Kompressionsstandards wie MP3 erklärt und verdeutlicht, wie psychoakustische Modelle (die beschreiben, wie Menschen hören) genutzt werden, um Audiosignale effizient für die Speicherung und Übertragung zu repräsentieren. Dies ist entscheidend für Anwendungen wie Spracherkennung oder Musikstreaming mit KI.
- **Vetterli, M., & Kovacevic, J. (1995).** ***Wavelets and Subband Coding*****. Prentice Hall PTR.** Dieses Buch behandelt fortgeschrittene DSV-Techniken wie Wavelet-Kompression und Subband-Kodierung. Diese ermöglichen eine effiziente und verlustbehaftete oder verlustfreie Darstellung von Signalen und sind auch in modernen KI-Anwendungen relevant, da sie die Informationsdichte von Daten für die KI erhöhen.

5.1.5 Hardware-Implementierung: DSV-Prozessoren (DSPs) und -Prinzipien als Basis für effiziente Hardwarebeschleunigung von KI-Algorithmen (insbesondere für Edge AI)

Die Prinzipien der Digitalen Signalverarbeitung haben auch die Entwicklung von spezialisierter Hardware maßgeblich beeinflusst. *DSV-Prozessoren (DSPs)* sind Chips, die speziell für die schnelle und effiziente Verarbeitung von Signalen optimiert sind. Sie können Operationen wie Filterung, Fouriertransformationen und Multiplikationen/Additionen in einem einzigen Taktzyklus ausführen, also blitzschnell sehr viele mathematische Berechnungen durchführen. Viele der Operationen, die in KI-Algorithmen, insbesondere in neuronalen Netzen, vorkommen (z. B. die Berechnung von *Matrix-Multiplikationen* bei der Verarbeitung von Bildpixeln oder die *Faltung* in CNNs), ähneln denen, die in der DSV durchgeführt werden. Daher dienen *DSV-Prinzipien als Basis für die effiziente Hardwarebeschleunigung von KI-Algorithmen.* Dies ist besonders wichtig für *Edge AI*, also KI-Anwendungen, die direkt auf Geräten (Smartphones, Drohnen, IoT-Sensoren) und nicht in der Cloud ausgeführt werden müssen. Ein autonomes Auto kann nicht warten, bis die Daten in ein Rechenzentrum gesendet, dort verarbeitet und die Ergebnisse zurückgeschickt werden – es muss Entscheidungen in Millisekunden treffen. Hier zählen Energieeffizienz und geringe Latenz. Die Erfahrung aus der DSV im Entwurf von spezialisierten, effizienten Prozessoren ist hier von unschätzbarem Wert und fließt direkt in die Entwicklung von KI-Beschleunigern ein, die schnelle neuronale Netzwerkberechnungen auf kleinstem Raum und mit wenig Strom ermöglichen, wie die Chips in modernen Smartphones, die KI-Funktionen direkt auf dem Gerät ausführen können.

Literaturhinweise zu 5.1.5 Hardware-Implementierung

- **Lapsley, P., et al. (1997).** ***DSP Processor Fundamentals: Architectures and Features*****. IEEE Press.** Dieses Buch bietet einen detaillierten Einblick in die Architekturen und Funktionsweisen von DSP-Prozessoren und erklärt die zugrunde liegenden DSV-Prinzipien, die ihre Effizienz für Signalverarbeitungsaufgaben ausmachen. Es zeigt, wie diese Prinzipien auch die Grundlage für heutige KI-Beschleuniger bilden.
- **Chen, T., et al. (2014). Deep Learning with COTS Multi-core CPUs and GPUs.** ***Proceedings of the 2014 Conference on Neural Information Processing Systems (NIPS), Workshop on Deep Learning and Representation Learning*****.** Dieses Dokument beschreibt die Herausforderungen und Ansätze, Deep Learning auf handelsüblicher Hardware (CPUs und GPUs) effizient zu gestalten. Es betont die Bedeutung der Hardware-Optimierung für spezifische Algorithmen, was die Überlappung der Anforderungen von KI und DSV in der Hardware-Implementierung unterstreicht.

- **Sze, V., et al. (2017). Efficient Processing of Deep Neural Networks: A Tutorial and Survey. *Proceedings of the IEEE, 105*(12), 2295–2329.** Dieser umfassende Übersichtsartikel konzentriert sich auf Hardware-Beschleuniger für Deep Neural Networks. Er betont, wie diese spezialisierte Hardware entwickelt wird, um die Leistungs- und Energieeffizienzanforderungen für Edge AI zu erfüllen, wobei DSV-Prinzipien oft eine Rolle in der Hardwarebeschleunigung von KI-Algorithmen spielen.

5.2 KI zur Revolutionierung und Erweiterung der DSV

Doch die Beziehung ist keine Einbahnstraße. Während die DSV die KI unterstützt, revolutioniert die KI ihrerseits die DSV, indem sie neue Möglichkeiten zur Signalverarbeitung und -analyse eröffnet, die mit traditionellen, modellbasierten Ansätzen schwer oder gar nicht zu erreichen wären.

5.2.1 Intelligente Signalerfassung und -interpretation

KI-Systeme ermöglichen eine viel intelligentere Art der Signalerfassung und -interpretation, die über die reine physikalische Messung hinausgeht.

5.2.1.1 KI-gesteuerte adaptive Sensorkonfiguration

Stell dir ein modernes Überwachungssystem in einer Fabrik vor, das Tausende von Sensoren nutzt, um Daten über den Zustand von Maschinen zu sammeln. Nicht alle Sensoren müssen immer mit maximaler Rate arbeiten, und manche Messungen sind nur in bestimmten Situationen wichtig. Hier kann die *KI-gesteuerte adaptive Sensorkonfiguration* zum Einsatz kommen. Eine KI kann lernen, welche Sensorparameter (z. B. die Abtastrate eines Mikrofons oder die Empfindlichkeit einer Kamera) in einer bestimmten Situation optimal sind, um die relevantesten Informationen zu erfassen und gleichzeitig Datenmüll zu minimieren. Ein autonomes Fahrzeug könnte beispielsweise seine Radarsensoren adaptiv konfigurieren: In dichtem Stadtverkehr sammelt es detailliertere Informationen über nahe Objekte, während es auf der Autobahn mit weniger Details auskommt, um Rechenressourcen zu sparen. Die KI optimiert hier die DSV-Aufgabe der Datenerfassung selbst, indem sie dynamisch entscheidet, welche Signale wann und wie erfasst werden sollen, anstatt dass Sensoren immer mit festen, voreingestellten Parametern arbeiten.

5.2.1.2 Semantische Analyse von Signalen (z. B. Erkennen von Objekten in Bildern, Verstehen von Sprache über die reine Worterkennung hinaus)

Traditionelle DSV kann zwar Frequenzen analysieren oder Kanten in Bildern finden, aber sie hat keine „Ahnung", was diese Frequenzen bedeuten oder welche Objekte die Kanten bilden. Hier kommt die KI ins Spiel. Die semantische Analyse von Signalen durch KI ermöglicht es, den Sinn und Kontext der Signale zu verstehen. Ein Beispiel ist das Erkennen von Objekten in Bildern. Eine DSV-Methode kann zwar Kanten hervorheben, die ein Fenster in einem Haus bilden, aber nur eine KI kann diese Kanten als Teil eines „Fensters" interpretieren und dieses Fenster dann als Teil eines „Hauses" erkennen. Das ist so, als würde ein Mensch nicht nur Striche auf einem Blatt sehen, sondern verstehen, dass diese Striche einen Baum darstellen. Ähnlich kann ein KI-System Sprache über die reine Worterkennung hinaus verstehen. Eine traditionelle DSV kann aus einem Audiosignal die Wörter „Es regnet Bindestrich ein echtes Ärgernis" erkennen. Eine KI mit semantischer Analyse könnte jedoch erkennen, dass der Sprecher genervt ist oder Ironie in der Formulierung steckt, und die Absicht hinter den gesprochenen Worten erfassen – Fähigkeiten, die weit über das hinausgehen, was mit reiner DSV möglich wäre. Das System „versteht" also nicht nur die einzelnen Töne, sondern auch deren Bedeutung im Gesamtkontext, ähnlich wie ein Mensch die Emotion in der Stimme eines Freundes wahrnimmt.

Literaturhinweise zu 5.2.1 Intelligente Signalerfassung und -interpretation

- **Patterson, F. L., et al. (2020). Perceptual control of sensorimotor behavior in robots: From biological inspiration to deep reinforcement learning.** ***Science Robotics, 5*(45), eabc7879.** Diese Forschung zeigt, wie KI, insbesondere Deep Reinforcement Learning, eingesetzt werden kann, um Sensoren adaptiv zu steuern und damit eine intelligentere Signalerfassung zu ermöglichen. Dies geht über die traditionelle DSV hinaus, indem die KI dynamisch die Sensorparameter basierend auf der Interaktion mit der Umgebung anpasst.
- **LeCun, Y., Bengio, Y., & Hinton, G. (2015). Deep learning.** ***Nature, 521*(7553), 436–444.** Dieser einflussreiche Übersichtsartikel beschreibt die grundlegenden Konzepte des Deep Learning und seine Fähigkeit, hierarchische Merkmale aus Rohdaten zu lernen. Diese Fähigkeit ermöglicht eine semantische Analyse von Signalen (z. B. Bildern und Sprache), die für die DSV allein nicht zugänglich wäre, da die KI den „Sinn" hinter den Signalen erkennt.
- **Krizhevsky, A., Sutskever, I., & Hinton, G. E. (2012). ImageNet Classification with Deep Convolutional Neural Networks.** ***Advances in Neural Information Processing Systems, 25*.** Dies ist eine wegweisende Arbeit im Computer Vision, die zeigt, wie Convolutional Neural Networks (CNNs) Objekte in Bildern erkennen können. Diese Fähigkeit zur semantischen Analyse geht weit über die reinen

Signalverarbeitungsaufgaben hinaus, die traditionelle DSV leisten kann, indem sie Objekte und deren Kategorien identifiziert.

5.2.2 KI-basierte Signalverbesserung und -restauration

KI hat auch neue Wege eröffnet, um Signale zu verbessern und zu restaurieren, oft auf Weisen, die mit herkömmlichen DSV-Methoden nicht möglich waren, weil die zugrunde liegenden mathematischen Modelle zu komplex oder unbekannt waren.

5.2.2.1 Deep-Learning-Modelle für Rauschunterdrückung (z. B. autoencoder-basierte Denoising-Ansätze)

Während die DSV Rauschen mit expliziten Filtern reduziert, können *Deep-Learning-Modelle für Rauschunterdrückung* dies auf eine intelligentere Weise tun. Stell dir vor, du hast ein stark verrauschtes altes Foto, auf dem Gesichter kaum erkennbar sind. Ein traditioneller DSV-Filter könnte versuchen, alle „hohen Frequenzen", die das Rauschen darstellen, zu entfernen, riskiert aber dabei, auch wichtige Details im Bild zu verlieren, sodass das Gesicht noch unschärfer wird. *Autoencoder-basierte Denoising-Ansätze* sind ein gutes Beispiel für den KI-Ansatz: Ein neuronales Netz wird darauf trainiert, ein verrauschtes Bild als Eingabe zu nehmen und ein rauschfreies Bild als Ausgabe zu erzeugen. Das Netzwerk lernt dabei selbstständig, wie es das Rauschen effektiv von den relevanten Bildinformationen trennen kann, oft mit einer Qualität, die traditionelle Filter übertrifft, insbesondere bei komplexen Rauscharten oder wenn das Signal selbst sehr komplex ist. Es „versteht" quasi, welche Pixel zum Rauschen gehören und welche zum eigentlichen Bild, und entfernt nur das Störende, während es gleichzeitig die Details des Gesichts wiederherstellt.

5.2.2.2 Super-Resolution für Bilder und Videos

Die Super-Resolution ist eine Technik, die die Auflösung von Bildern oder Videos erhöht. Stell dir vor, du hast ein kleines, unscharfes Bild, das du vergrößern möchtest, um Details besser zu erkennen, die vorher nicht sichtbar waren. Wo traditionelle DSV-Methoden oft nur einfache Interpolationen (also das Hinzufügen von Durchschnittswerten zwischen Pixeln) durchführen konnten, die zu einem unscharfen Ergebnis führen, können KI-Modelle mit Deep Learning aus einem niedrig aufgelösten Bild ein höher aufgelöstes Bild erzeugen, das Details enthält, die im Original nicht vorhanden waren. Sie „halluzinieren" quasi neue Pixel basierend auf gelernten Mustern. Wenn die KI gelernt hat, wie Gesichter oder Landschaften im Detail aussehen, kann sie ein niedrig aufgelöstes Bild in ein schärferes umwandeln, indem sie fehlende Details „errät" und hinzufügt. Dies ist eine Revolution in der Bildverarbeitung und hat Anwendungen in der *Forensik* (Verbesserung von Überwachungsbildern, um Personen zu identifizieren), *medizinischen Bildgebung* (schärfere MRTs zur besseren Diagnostik) und *Unterhaltung* (Verbesserung alter Filme für moderne Bildschirme).

5.2.2.3 Artefakt-Reduktion in medizinischen Bildern

Medizinische Bilder, wie MRT- oder CT-Scans, können oft Artefakte enthalten, das sind störende Muster oder Verzerrungen, die durch Bewegung des Patienten, Metallimplantate im Körper oder die Scan-Prozedur selbst entstehen. Diese Artefakte (z. B. Streifen, Schatten oder Unschärfen) können die Diagnose erschweren oder sogar zu Fehlinterpretationen führen. KI-Modelle können darauf trainiert werden, diese Artefakte zu erkennen und zu reduzieren, ohne wichtige diagnostische Informationen zu entfernen. Sie lernen, das „reine" Signal vom Artefakt zu unterscheiden und die Bilder so zu restaurieren, dass sie für Ärzte besser interpretierbar und die zugrunde liegenden Strukturen (wie Tumore oder Verletzungen) klarer erkennbar sind. Das ist wie das digitale „Reinigen" eines Bildes von störenden Schatten oder Flecken, ohne dass dabei wichtige Details verschwinden.

Literaturhinweise zu 5.2.2 KI-basierte Signalverbesserung und -restauration

- **Vincent, P., Larochelle, H., Lajoie, I., Bengio, Y., & Manzagol, P. A. (2010). Stacked Denoising Autoencoders: Learning Useful Features for Deep Learning. *Journal of Machine Learning Research, 11*, 3371–3408.** Diese Arbeit stellt Denoising Autoencoder vor, die eine der grundlegenden Architekturen für KI-basierte Rauschunterdrückung sind. Sie zeigen, wie neuronale Netze effektiver Rauschen aus Signalen entfernen können als traditionelle Methoden, indem sie relevante Merkmale des Signals lernen.
- **Dong, C., Loy, C. C., He, K., & Tang, X. (2016). Image Super-Resolution Using Deep Convolutional Networks. *IEEE Transactions on Pattern Analysis and Machine Intelligence, 38*(2), 295–307.** Diese wegweisende Studie demonstriert die Anwendung von Deep Learning für die Super-Resolution von Bildern. Sie zeigt, wie KI fehlende Informationen rekonstruieren kann, was über die Möglichkeiten herkömmlicher DSV-Methoden hinausgeht und zu deutlich schärferen Bildern führt.
- **Schlemper, J., Caballero, J., Price, A. N., Hajnal, J. V., & Rueckert, D. (2018). A Deep Cascade of Convolutional Neural Networks for Dynamic MR Image Reconstruction. *IEEE Transactions on Medical Imaging, 37*(2), 491–503.** Diese Arbeit ist ein gutes Beispiel für die Anwendung von Deep Learning zur Artefakt-Reduktion in medizinischen Bildern, insbesondere bei der Rekonstruktion von MRT-Bildern, wo KI-Modelle lernen, Störungen zu entfernen und die Bildqualität zu verbessern.

5.2.3 Lernbasierte adaptive Filter und Systemidentifikation: Neuronale Netze als adaptive Filter, die komplexe nichtlineare Zusammenhänge modellieren können

Traditionelle DSV kennt adaptive Filter, die ihre Parameter an veränderliche Signalbedingungen anpassen. Ein Störgeräusch, das seine Frequenz ändert, könnte durch einen DSV-Filter verfolgt werden. Doch diese sind oft linear und haben begrenzte Anpassungsfähigkeit. Hier kommt die KI ins Spiel: Neuronale Netze können als lernbasierte adaptive Filter fungieren. Sie sind in der Lage, *komplexe nichtlineare Zusammenhänge* in Signalen zu modellieren, die mit herkömmlichen mathematischen Modellen nur schwer zu erfassen wären. Stell dir ein Headset mit aktiver Geräuschunterdrückung vor. Ein neuronales Netz könnte hier als adaptiver Filter eingesetzt werden, der nicht nur das konstante Rauschen des Flugzeugtriebwerks, sondern auch unregelmäßige Störungen wie Kindergeschrei oder wechselnde Musik im Hintergrund erkennt und in Echtzeit „herausfiltert", indem es lernt, sich an diese neuen Geräusche anzupassen. Ebenso können KI-Modelle zur *Systemidentifikation* eingesetzt werden, um die Eigenschaften unbekannter Systeme aus ihren Eingabe- und Ausgabesignalen zu lernen, selbst wenn diese Systeme sehr komplex und nichtlinear sind, wie zum Beispiel die Übertragungseigenschaften eines Funkkanals, die sich ständig ändern und nur schwer mathematisch zu beschreiben sind. Die KI lernt das Verhalten dieses Systems durch Beobachtung und kann so Vorhersagen über zukünftige Signalübertragungen treffen.

Literaturhinweise zu 5.2.3 Lernbasierte adaptive Filter und Systemidentifikation

- **Haykin, S. (1998).** ***Neural Networks: A Comprehensive Foundation*** **(2nd ed.). Prentice Hall.** Dieses Buch ist das Standardwerk über Neuronale Netze und enthält Abschnitte über ihren Einsatz als adaptive Filter und zur Systemidentifikation. Es zeigt, wie neuronale Netze komplexe nichtlineare Zusammenhänge in Signalen modellieren können, was die Grenzen traditioneller linearer adaptiver Filter überwindet.
- **He, T., & Wu, C. (2018). Deep Reinforcement Learning for Adaptive Signal Processing: A Survey.** ***IEEE Access, 6*** **, 55152–55165.** Dieser Übersichtsartikel beleuchtet, wie Deep Reinforcement Learning Ansätze für adaptive Signalverarbeitung genutzt werden können, um die Parameter von Filtern dynamisch und intelligent anzupassen. Dies stellt einen neuen Paradigmenwechsel im Bereich der adaptiven Filter dar, da die Filter ihre Anpassungsstrategie selbstständig lernen.
- **Nelles, O. (2001).** ***Nonlinear System Identification: From Classical Approaches to Neural Networks and Fuzzy Models*****. Springer.** Dieses Buch bietet einen breiten Überblick über Methoden zur Systemidentifikation, einschließlich des

Einsatzes von neuronalen Netzen zur Modellierung komplexer nichtlinearer Systeme. Es unterstreicht die Überlegenheit von KI-Ansätzen in diesem Bereich, da sie Beziehungen erkennen können, die klassische Modelle nicht abbilden.

5.2.4 Anomalie- und Ereignisdetektion in Signalen: KI zur Identifizierung seltener oder unerwarteter Muster in komplexen Signalströmen

Die Anomalie- und Ereignisdetektion in komplexen Signalströmen ist eine weitere Stärke der KI. In der DSV kann man Schwellenwerte oder bekannte Muster verwenden, um Ereignisse zu erkennen (z. B. ein Herzschlag, der über eine bestimmte Frequenz hinausgeht). Doch wenn die Anomalien selten, subtil oder unerwartet sind, wird es schwierig. Eine winzige Abweichung im Vibrationsmuster einer Turbine könnte auf einen bevorstehenden Defekt hindeuten, ist aber so gering, dass ein fester Schwellenwert sie nicht erfassen würde. KI-Modelle, insbesondere unüberwachte Lernalgorithmen, können darauf trainiert werden, die „normalen" Muster in großen Datenmengen zu lernen und dann Abweichungen von diesen Mustern als Anomalien zu identifizieren. Das ist entscheidend in Bereichen wie der *vorausschauenden Wartung* von Maschinen (Erkennen ungewöhnlicher Vibrationsmuster, bevor ein Fehler auftritt und die Maschine ausfällt), der *medizinischen Diagnose* (Erkennen seltener Arrhythmien im EKG, die ein Arzt übersehen könnte, weil sie nur kurz auftreten und schwer zu identifizieren sind) oder der *Cybersicherheit* (Erkennen ungewöhnlicher Netzwerkaktivitäten, die auf einen Hackerangriff hindeuten könnten, obwohl sie keinem bekannten Angriffsmuster entsprechen). Die KI ist hier der „Spürhund", der Unregelmäßigkeiten in riesigen Datenmengen aufspürt, selbst wenn diese Muster noch nie zuvor aufgetreten sind.

Literaturhinweise zu 5.2.4 Anomalie- und Ereignisdetektion in Signalen

- **Chandola, V., Banerjee, A., & Kumar, V. (2009). Anomaly Detection: A Survey. *ACM Computing Surveys (CSUR), 41*(3), 1–58.** Dieser umfassende Übersichtsartikel ist ein Standardwerk zur Anomalieerkennung. Er beschreibt verschiedene Ansätze, einschließlich Maschineller Lernmethoden, die besonders gut geeignet sind, seltene und unerwartete Muster in komplexen Daten und Signalen zu identifizieren, die über einfache Schwellenwerte hinausgehen.
- **Chalapathy, R., & Chawla, S. (2019). Deep Learning for Anomaly Detection: A Survey. *Pattern Recognition, 106* , 107404.** Diese spezialisierte Übersicht konzentriert sich auf den Einsatz von Deep Learning für die Anomalieerkennung in

verschiedenen Anwendungsbereichen, einschließlich Zeitreihen und Signaldaten. Sie zeigt die Überlegenheit von lernbasierten Ansätzen bei der Identifizierung komplexer und subtiler Anomalien.

- **Haga, Y., et al. (2017). Fault Diagnosis of Rotating Machinery Using Deep Learning for Feature Learning and Anomaly Detection.** ***IEEE Transactions on Industrial Electronics, 64*****(9), 7481–7489.** Diese Studie ist ein konkretes Anwendungsbeispiel für den Einsatz von Deep Learning zur Anomalieerkennung in Maschinensignalen im Kontext der vorausschauenden Wartung. Es zeigt, wie KI frühzeitig ungewöhnliche Muster erkennt, die auf einen bevorstehenden Defekt hindeuten.

5.2.5 KI-gestützte Signalkompression: Entwicklung neuer Kompressionsalgorithmen, die auf gelernten Signalrepräsentationen basieren

Die KI revolutioniert auch die *Signalkompression.* Während traditionelle Kompressionsalgorithmen auf festen mathematischen Modellen basieren, wie der JPEG-Standard, der bestimmte mathematische Transformationen nutzt, um Bildinformationen zu reduzieren, können *KI-gestützte Kompressionsalgorithmen* lernen, die effizientesten Repräsentationen von Signalen aus den Daten selbst zu extrahieren. Stell dir vor, ein Bild von einem Baum soll komprimiert werden. Ein herkömmlicher Algorithmus würde vielleicht nach allen grünen Pixeln suchen und diese zusammenfassen. Deep-Learning-Modelle, insbesondere *Autoencoder*, die wir in Teil II kennengelernt haben, können lernen, Signale in einem stark reduzierten, aber informationsreichen latenten Raum darzustellen. Ein Autoencoder lernt dabei, ein Bild von einem Baum so zu komprimieren, dass er nur noch die „Essenz" des Baumes speichert (z. B. seine Form, Farbe, Textur), aber nicht jedes einzelne Blatt, das für die Wiedererkennung nicht unbedingt nötig ist. Dies ermöglicht die Entwicklung neuer Kompressionsalgorithmen, die auf gelernten Signalrepräsentationen basieren, und oft bessere Kompressionsraten bei gleicher oder sogar besserer Qualität erzielen als herkömmliche Methoden, da sie sich an die spezifischen Daten anpassen können und „verstehen", welche Informationen wirklich wichtig sind.

Literaturhinweise zu 5.2.5 KI-gestützte Signalkompression

- **Toderici, G., et al. (2017). Full Resolution Image Compression with Recurrent Neural Networks.** ***Proceedings of the IEEE Conference on Computer Vision and Pattern Recognition (CVPR),*** **5940–5949.** Diese Arbeit ist ein konkretes Beispiel für den Einsatz von rekurrenten neuronalen Netzen zur Bildkompression. Sie zeigt, wie KI-Modelle lernbasierte Kompressionsschemata entwickeln können, die mit traditionellen Ansätzen konkurrieren oder diese übertreffen, indem sie die Signalinformationen effektiver repräsentieren.

- **Ballé, J., Laparra, V., & Simoncelli, E. P. (2018). Variational Image Compression with a Scale-Hyperprior.** ***International Conference on Learning Representations (ICLR).*** Diese Studie präsentiert einen fortschrittlichen Ansatz zur KI-gestützten Bildkompression, der auf tiefen generativen Modellen basiert. Sie unterstreicht die Fähigkeiten von KI zur effizienten Signalrepräsentation und ermöglicht überlegene Kompressionsleistungen.
- **Agustsson, E., et al. (2020). Efficient Image Compression with Hierarchical Learned Priors.** ***Proceedings of the IEEE/CVF Conference on Computer Vision and Pattern Recognition (CVPR),*** **1079–1088.** Eine aktuelle Arbeit, die die Fortschritte in der KI-basierten Bildkompression durch hierarchische lernbasierte Priors demonstriert. Dies verdeutlicht das Potenzial dieser Methoden für überlegene Kompressionsleistungen im Vergleich zu herkömmlichen DSV-Ansätzen.

5.2.6 Automatisierter Entwurf von DSV-Algorithmen (Meta-Learning/AutoML in der DSV): KI-Systeme, die optimale DSV-Pipeline-Parameter oder sogar neue Algorithmen finden

Ein aufstrebendes und vielversprechendes Feld ist der automatisierte Entwurf von DSV-Algorithmen. Dies ist ein Anwendungsbereich des Meta-Learnings oder AutoML *(Automated Machine Learning)* in der DSV. Hierbei geht es darum, dass KI-Systeme nicht nur Probleme lösen, sondern lernen, wie man Probleme löst. Stell dir vor, ein Ingenieur muss für eine neue Audioanwendung den besten Rauschfilter finden. Er müsste verschiedene Filterarten und deren Parameter manuell ausprobieren, was sehr zeitaufwendig sein kann. Eine KI könnte darauf trainiert werden, die optimalen Parameter für eine DSV-Pipeline (z. B. die optimale Filterordnung, die beste Fensterfunktion für eine bestimmte Art von Audiosignal) für ein bestimmtes Problem zu finden. Sie könnte sogar neue, maßgeschneiderte DSV-Algorithmen entdecken, die von menschlichen Ingenieuren noch nicht erdacht wurden, weil die Komplexität der Optimierung zu hoch ist. Das ist, als ob die KI selbst zu einem Ingenieur wird, der die besten Werkzeuge und Methoden für eine bestimmte Signalverarbeitungsaufgabe entwirft, ohne dass ein Mensch jeden einzelnen Schritt vorgeben muss. Dies könnte die Entwicklung von spezialisierten und hocheffizienten Signalverarbeitungslösungen massiv beschleunigen.

Literaturhinweise zu 5.2.6 Automatisierter Entwurf von DSV-Algorithmen (Meta-Learning/AutoML in der DSV)

- **Feurer, M., et al. (2020). Auto-WEKA 2.0: Automatic Model Selection and Hyperparameter Optimization in WEKA. *Journal of Machine Learning Research, 21*(123), 1–6.** Obwohl es sich um ein allgemeineres AutoML-Framework handelt, zeigen die darin beschriebenen Prinzipien, wie KI-Systeme Algorithmusauswahl und Parameteroptimierung automatisieren können. Diese Konzepte sind direkt auf den Entwurf von DSV-Algorithmen übertragbar, um optimale Verarbeitungsparameter zu finden.
- **Zoph, B., & Le, Q. V. (2017). Neural Architecture Search with Reinforcement Learning. *International Conference on Learning Representations (ICLR).*** Diese wegweisende Arbeit im Bereich Neural Architecture Search (NAS), einer Form von AutoML, zeigt, wie KI (hier: Reinforcement Learning) verwendet werden kann, um optimale neuronale Netzwerkarchitekturen zu finden. Diese Prinzipien lassen sich auf die Suche nach optimalen DSV-Algorithmus-Pipelines übertragen, um effiziente Signalverarbeitungsketten zu entwerfen.
- **Ren, Z., et al. (2021). A Survey on Meta-Learning for Few-Shot Image Classification. *Neurocomputing, 442*, 192–205**. Dieser Übersichtsartikel zum Meta-Learning beleuchtet die Fähigkeit von KI, zu „lernen, wie man lernt". Dies kann zur automatisierten Anpassung und zum Entwurf von Signalverarbeitungsstrategien für neue Aufgaben mit wenig Daten verwendet werden, was die Effizienz in der Entwicklung von DSV-Lösungen erhöht.

5.3 Integrierte KI-DSV-Systeme und Architekturen

Die Zukunft liegt in der *Integration* von KI und DSV in gemeinsamen Systemen und Architekturen. Es geht nicht mehr darum, ob man das eine oder das andere nutzt, sondern wie man beide am besten miteinander verbindet, um die Stärken jedes Ansatzes zu maximieren.

5.3.1 End-to-End-Lernsysteme: Modelle, die Rohsignale direkt verarbeiten und DSV-ähnliche Schichten intern lernen (z. B. CNNs, die Filterbänke lernen)

End-to-End-Lernsysteme sind ein Paradebeispiel für die Verschmelzung von KI und DSV. Anstatt dass menschliche Ingenieure explizit Merkmale mit DSV-Techniken extrahieren (z. B. das Frequenzspektrum eines Audiosignals berechnen), verarbeiten diese Modelle Rohsignale direkt und lernen DSV-ähnliche Schichten intern. Ein klassisches Beispiel sind *Konvolutionale Neuronale Netze (CNNs)*, die ursprünglich für die Bildverarbeitung entwickelt wurden. Stell dir vor, ein CNN soll lernen, Gesichter auf Fotos zu erkennen. Statt dass ein Mensch manuell Filter entwirft, die Kanten, Augen oder Nasen erkennen, lernen die ersten Schichten dieses CNNs automatisch solche Filter (oft als „Filterbänke" bezeichnet), die Kanten, Texturen oder Farbübergänge erkennen – Aufgaben, die traditionell mit manuell entworfenen DSV-Filtern gelöst wurden. Der Unterschied ist, dass diese Filter nicht von einem Menschen programmiert, sondern während des Trainings gelernt werden, und sie sind optimal auf die spezifische Aufgabe des Netzwerks zugeschnitten. Das CNN „entwirft" quasi seine eigenen spezialisierten DSV-Filter, die perfekt für die Gesichtserkennung geeignet sind, indem es Muster in den Rohpixeln findet, die für die Erkennung wichtig sind. Dies vereinfacht den Entwicklungsprozess erheblich und kann oft zu besseren Ergebnissen führen, da das System die Merkmale lernt, die für die gegebene Aufgabe am relevantesten sind.

Literaturhinweise zu 5.3.1 End-to-End-Lernsysteme

- **LeCun, Y., Bengio, Y., & Hinton, G. (2015). Deep learning.** ***Nature, 521*****(7553), 436–444.** Dieser fundamentale Übersichtsartikel beleuchtet die Vorteile von End-to-End-Deep-Learning-Systemen, die lernen, Merkmale direkt aus Rohdaten zu extrahieren, anstatt auf manuell entwickelte Vorverarbeitungsschritte angewiesen zu sein. Dies ermöglicht eine nahtlose Integration von DSV-ähnlichen Funktionen in die KI-Architektur.
- **Hinton, G., et al. (2012). Deep Neural Networks for Acoustic Modeling in Speech Recognition.** ***IEEE Signal Processing Magazine, 29*****(6), 82–97.** Diese Arbeit zeigt den Übergang von traditionellen, DSV-basierten Feature-Extraktionen in der Spracherkennung zu End-to-End-Deep-Learning-Modellen, die akustische Merkmale direkt aus Audiosignalen lernen. Sie demonstriert, wie neuronale Netze Filterbänke und andere relevante Signalverarbeitungsschritte intern erlernen.
- **Graves, A., Mohamed, A., & Hinton, G. (2013). Speech Recognition with Deep Recurrent Neural Networks.** ***Proceedings of the IEEE International Conference on Acoustics, Speech and Signal Processing (ICASSP)*****, 6645–6649.** Diese Studie demonstriert die Effektivität von End-to-End-Recurrent Neural Networks für die Spracherkennung. Solche Modelle decken die gesamte Verarbeitungskette von Rohaudio zu Text ab und lernen intern DSV-ähnliche Operationen, um die Sprachmuster direkt zu erfassen.

5.3.2 Hybride Modelle: Kombination von expliziten DSV-Modulen (für bekannte Signalcharakteristika) mit KI-Modulen (für komplexe Mustererkennung und Entscheidungsfindung)

In vielen realen Anwendungen sind hybride Modelle die beste Lösung. Diese Systeme kombinieren explizite DSV-Module – für die Aufgaben, bei denen die mathematischen Modelle des Signals und der Verarbeitung gut bekannt und präzise sind – *mit KI-Modulen* für die komplexere Mustererkennung und Entscheidungsfindung. Stell dir ein System zur Spracherkennung in einem Auto vor. Hier könnte ein DSV-Modul verwendet werden, um das Audiosignal aus dem Mikrofon des Autos zu normalisieren und Windgeräusche oder Motorenbrummen zu unterdrücken – also präzise physikalische Rauschunterdrückung, die mathematisch sehr gut verstanden ist. Danach wird das saubere Audiosignal an ein KI-Modell (z. B. ein neuronales Netz) übergeben, das dann die gesprochenen Wörter erkennt und die Absicht des Fahrers (z. B. „Fahre mich nach Hause") interpretiert. Die DSV liefert hier eine robuste und effiziente Vorverarbeitungsschicht, die es der KI ermöglicht, sich auf ihre Kernkompetenz zu konzentrieren: das Lernen aus komplexen Mustern und das Treffen von intelligenten Entscheidungen, anstatt sich mit Rauschen oder Verzerrungen im Signal herumzuschlagen. Diese Hybride nutzen die Stärken beider Welten: die Präzision und Nachvollziehbarkeit der DSV mit der Flexibilität und Lernfähigkeit der KI.

Literaturhinweise zu 5.3.2 Hybride Modelle

- **Poggio, T., & Ullman, S. (1992). The role of visual cortex in object recognition. *Proceedings of the National Academy of Sciences, 89*(16), 7235–7239.** Obwohl ein älteres Papier aus der kognitiven Neurowissenschaft, schlägt es hybride Architekturen für die visuelle Erkennung vor. Es kombiniert fest verdrahtete, „DSV-ähnliche" frühe Stufen mit lernfähigen höheren Stufen, was die biologische Inspiration für die Kombination von festen und lernenden Modulen verdeutlicht.
- **Wang, H., Li, W., & Wei, X. (2020). A Hybrid Deep Learning Model for Bearing Fault Diagnosis. *IEEE Transactions on Industrial Electronics, 67*(11), 9901–9910.** Diese Studie ist ein konkretes Beispiel für ein hybrides System im Bereich der Industrie 4.0. Sie kombiniert traditionelle DSV-Techniken zur Merkmalsextraktion von Vibrationssignalen mit Deep-Learning-Modellen zur genauen Fehlerdiagnose von Lagern, was die Effektivität solcher integrierten Ansätze unterstreicht.
- **Xu, Z., et al. (2018). Hybrid deep learning for intelligent fault diagnosis of rolling bearings. *Computers in Industry, 96*, 162–171.** Eine weitere Arbeit, die die Vorteile hybrider Modelle in der Fehlerdiagnose hervorhebt. Sie integriert DSV-basierte Signalvorverarbeitung mit Deep Learning, um robuste und genaue

Diagnosesysteme zu entwickeln, die sowohl von der Präzision der DSV als auch der Lernfähigkeit der KI profitieren.

5.3.3 Rückgekoppelte Systeme: KI-Entscheidungen beeinflussen DSV-Parameter in Echtzeit

Eine noch engere Integration findet in *rückgekoppelten Systemen* statt. Hierbei beeinflussen KI-Entscheidungen DSV-Parameter in Echtzeit, wodurch ein dynamisches und adaptives System entsteht. Stell dir ein intelligentes Hörgerät vor, das in einer lauten Umgebung (z. B. einem Konzert) eingesetzt wird. Eine KI im Hörgerät könnte nicht nur die Sprache vom Rauschen trennen, sondern auch in Echtzeit erkennen, ob sich der Träger in einem ruhigen Gespräch befindet oder in einer lauten Umgebung mit Musik und vielen Stimmen. Basierend auf dieser KI-Erkennung der Umgebung könnte das System dann die DSV-Filterparameter des Hörgeräts adaptiv anpassen – zum Beispiel in der lauten Konzertumgebung einen stärkeren, aggressiveren Rauschunterdrückungsfilter anwenden, um die Stimmen zu isolieren, während in einem ruhigen Gespräch ein weniger aggressiver Filter verwendet wird, um ein natürlicheres Klangbild zu erhalten. Ein weiteres Beispiel könnte ein intelligentes Kamerasystem sein, das von einer KI gesteuert wird. Die KI erkennt, dass sich ein wichtiges Objekt (z. B. ein seltenes Tier) schnell bewegt. Sie könnte dann die DSV-Parameter der Kamera, wie die Belichtungszeit oder den Fokus, in Echtzeit anpassen, um das sich bewegende Objekt schärfer und klarer aufzunehmen. Solche Systeme sind in der Lage, sich kontinuierlich an veränderte Umgebungsbedingungen anzupassen und bieten eine viel höhere Leistungsfähigkeit und Benutzerfreundlichkeit als statische Systeme.

Literaturhinweise zu 5.3.3 Rückgekoppelte Systeme

- **Mohajer, Z., & Salvi, R. (2020). Adaptive noise cancellation in hearing aids using deep learning: A review. *Journal of NeuroEngineering and Rehabilitation, 17*(1), 1–15.** Dieser Übersichtsartikel zur adaptiven Rauschunterdrückung in Hörgeräten durch Deep Learning ist ein hervorragendes Beispiel für rückgekoppelte Systeme. Er beschreibt, wie KI in Echtzeit die Umgebung analysiert und dann DSV-Filter (z. B. zur Rauschunterdrückung) dynamisch anpasst, um die Hörqualität zu optimieren.
- **Wiskott, L., & Sejnowski, T. J. (2002). Slow feature analysis: Unsupervised learning of invariances from time-varying signals. *Neural Computation, 14*(4), 715–777.** Diese Arbeit stellt einen Algorithmus (Slow Feature Analysis)

vor, der lernbasiert langsame und invariante Merkmale aus Zeitsignalen extrahiert. Obwohl es keine direkte Rückkopplung zur DSV-Hardware ist, illustriert es, wie lernende Systeme (KI) dazu beitragen können, die „DSV-Parameter" für die Merkmalsextraktion dynamisch und adaptiv an die Eigenschaften des Signals anzupassen.

- **Ren, S., et al. (2017). Fast R-CNN. *IEEE Transactions on Pattern Analysis and Machine Intelligence, 39*(8), 1618–1632.** Obwohl primär ein Objekterkennungsalgorithmus, zeigen die schnellen und genauen Erkennungsfähigkeiten von Fast R-CNN, wie KI-Systeme in der Lage sind, komplexe visuelle Informationen in Echtzeit zu verarbeiten. Diese Echtzeit-Ergebnisse könnten dann als Feedback-Schleife genutzt werden, um beispielsweise die Belichtung oder den Fokus einer Kamera (DSV-Parameter) dynamisch anzupassen, um die Qualität der erfassten Signale für nachfolgende KI-Schritte zu optimie

6 Vertiefende Anwendungsbeispiele und Fallstudien der KI-DSV-Integration

6.1 Sprach- und Audiosignalverarbeitung

Die Verarbeitung von Sprache und anderen Geräuschen ist ein Paradebeispiel dafür, wie KI und DSV sich perfekt ergänzen. Wenn du mit deinem Smartphone sprichst oder ein Lied auf Spotify hörst, sind diese Technologien am Werk.

6.1.1 Automatische Spracherkennung (ASR): Von MFCCs + Hidden Markov Models (HMMs) zu End-to-End Deep Learning (CNNs, RNNs, Transformer)

Stell dir vor, du möchtest deinem Smart-Home-System befehlen, das Licht auszuschalten. Damit das System dich verstehen kann, muss es deine gesprochenen Worte in Text umwandeln. Das ist die Aufgabe der Automatischen Spracherkennung (ASR). Früher, vor etwa 10 bis 15 Jahren, sah der Prozess so aus: Zuerst wurden mit Hilfe der DSV aus deinem Audiosignal sogenannte Mel-Frequency Cepstral Coefficients (MFCCs) berechnet. Das ist, als würde man aus dem Klang deiner Stimme die wichtigsten Merkmale extrahieren, die für die Erkennung der Laute entscheidend sind, so wie ein Musiker eine Partitur liest, um die Tonhöhe und Dauer der Noten zu erfassen. Diese MFCCs wurden dann an ein KI-Modell weitergegeben, das als Hidden Markov Model (HMM) bekannt ist. Ein HMM ist wie ein Netzwerk von Zuständen, das die Abfolge von Lauten in Wörtern und Wörtern in Sätzen modellieren kann. Es hat gelernt, wie wahrscheinlich es ist, dass nach dem „M" in „Mama" ein „A" folgt. Die Herausforderung dabei war, dass man die MFCCs manuell mit DSV-Techniken extrahieren musste und die HMMs Schwierigkeiten hatten, lange Sätze zu „verstehen", da ihr Gedächtnis begrenzt war.

U. Karrenberg, *Das unzertrennliche Duo: Digitale Signalverarbeitung und Künstliche Intelligenz*, https://doi.org/10.1007/978-3-662-72296-1_6

Heute hat sich das stark verändert, dank des *End-to-End Deep Learning*. Systeme wie die Spracherkennung in deinem Smartphone verwenden jetzt komplexe neuronale Netze, die das rohe Audiosignal direkt als Eingabe nehmen. Anstatt dass ein Mensch MFCCs berechnet, lernen diese *Convolutional Neural Networks (CNNs)* in den ersten Schichten selbst, wie sie relevante Klangmuster extrahieren, ähnlich wie sie in Bildern Gesichtsmerkmale erkennen. Diese gelernten Klangmuster werden dann oft an *Recurrent Neural Networks (RNNs)* oder moderne *Transformer-Modelle* weitergegeben. Diese Netzwerke sind so aufgebaut, dass sie lange Abhängigkeiten in der Sprache erfassen können. Ein Transformer kann zum Beispiel den gesamten Satz, den du sprichst, auf einmal analysieren und verstehen, wie die Wörter im Kontext zueinanderstehen, anstatt jedes Wort einzeln zu verarbeiten. Dadurch sind moderne ASR-Systeme viel genauer und können auch mit Dialekten oder Hintergrundgeräuschen besser umgehen. Die DSV-Techniken sind hier nicht verschwunden, sondern werden quasi von der KI „erlernt" und in die komplexen neuronalen Netze integriert, was einen großen Erfolg in der Spracherkennung darstellt.

Literaturhinweise zu 6.1.1 Automatische Spracherkennung (ASR)

- **Jurafsky, D., & Martin, J. H. (2023).** ***Speech and Language Processing: An Introduction to Natural Language Processing, Computational Linguistics, and Speech Recognition*** **(3rd ed.). Pearson.** Dieses umfangreiche Lehrbuch ist eine maßgebliche Referenz für die Spracherkennung. Es erklärt detailliert die Entwicklung von ASR von traditionellen HMM-basierten Systemen mit DSV-Features wie MFCCs bis hin zu modernen End-to-End Deep Learning-Ansätzen, die CNNs, RNNs und Transformer nutzen. Es beleuchtet das Zusammenspiel beider Disziplinen und die erzielten Erfolge.
- **Hinton, G., et al. (2012). Deep Neural Networks for Acoustic Modeling in Speech Recognition.** ***IEEE Signal Processing Magazine, 29*****(6), 82–97.** Diese wegweisende Arbeit beschreibt, wie Deep Neural Networks die akustische Modellierung in der Spracherkennung revolutionierten und damit den Übergang von HMMs zu lernbasierten Modellen einleiteten. Sie zeigt die Effektivität von KI-Modellen, die direkt aus den DSV-vorverarbeiteten akustischen Merkmalen lernen, und ist ein wichtiger Meilenstein in der ASR.
- **Graves, A., Mohamed, A., & Hinton, G. (2013). Speech Recognition with Deep Recurrent Neural Networks.** ***Proceedings of the IEEE International Conference on Acoustics, Speech and Signal Processing (ICASSP)*****, 6645–6649.** Diese Studie demonstriert die Effektivität von Deep Recurrent Neural Networks (RNNs) für die Spracherkennung. Sie zeigt, wie End-to-End-Systeme die gesamte Verarbeitungskette von Rohaudio zu Text abdecken können, indem sie die komplexen sequentiellen Muster in Sprachsignalen lernen.

- **Vaswani, A., et al. (2017). Attention Is All You Need.** ***Advances in Neural Information Processing Systems, 30.*** Dieses bahnbrechende Paper führte die Transformer-Modelle ein, die das „Attention"-Prinzip nutzen und die Landschaft der sequentiellen Modellierung, einschließlich der Spracherkennung, revolutionierten. Es ist entscheidend für das Verständnis der jüngsten Fortschritte in der ASR und ihre Fähigkeit, den Kontext über lange Distanzen zu erfassen.

6.1.2 Sprecheridentifikation und -verifikation

Stell dir vor, du möchtest dein Smartphone mit deiner Stimme entsperren, oder ein Sicherheitssystem soll überprüfen, ob wirklich du es bist, der Zugang beantragt. Das ist die Aufgabe der Sprecheridentifikation (Wer spricht?) und Sprecherverifikation (Spricht diese Person wirklich?). Auch hier arbeiten KI und DSV eng zusammen. Zuerst wird das Audiosignal deiner Stimme von DSV-Techniken verarbeitet, um es zu reinigen und wichtige Merkmale zu extrahieren, wie die Stimmhöhe, die Klangfarbe oder die Art, wie du bestimmte Laute bildest. Diese Merkmale sind wie der „Fingerabdruck" deiner Stimme. Anschließend wird ein KI-Modell, oft ein neuronales Netz, mit diesen Merkmalen trainiert. Für die Sprecheridentifikation lernt das KI-Modell, die Stimmmerkmale verschiedenen Personen zuzuordnen, so wie es Gesichter verschiedenen Menschen zuordnen würde. Für die Sprecherverifikation lernt das Modell, ob die aktuellen Stimmmerkmale zu den gespeicherten Merkmalen einer bestimmten Person passen oder nicht. Herausforderungen sind hierbei Hintergrundgeräusche, oder wenn sich deine Stimme durch Krankheit verändert. Doch durch die Kombination aus präziser DSV zur Merkmalsextraktion und lernfähiger KI zur Mustererkennung werden diese Systeme immer robuster und genauer, sodass sie in vielen Sicherheitssystemen und Zugangskontrollen eingesetzt werden können. Der Erfolg liegt in der Fähigkeit der KI, selbst geringfügige, aber charakteristische Variationen in den von der DSV gelieferten Stimmmerkmalen zu erkennen.

Literaturhinweise zu 6.1.2 Sprecheridentifikation und -verifikation

- **Kinnunen, T., & Li, H. (2010). An overview of text-independent speaker recognition: From features to supervectors.** ***Speech Communication, 52*(1), 12–40.** Dieser Übersichtsartikel bietet eine umfassende Einführung in die Sprecheridentifikation und -verifikation. Er beleuchtet die Rolle von DSV bei der Merkmalsextraktion (z. B. MFCCs) und die Verwendung von statistischen und KI-Modellen zur Erkennung und Überprüfung der Sprecherstimme.

- **Snyder, D., Garcia-Romero, D., Sell, G., Povey, D., & Khudanpur, S. (2018). X-vectors: Robust DNN Embeddings for Speaker Recognition. *Proceedings of the IEEE International Conference on Acoustics, Speech and Signal Processing (ICASSP)*, 5329–5333.** Diese Arbeit stellt X-vectors vor, eine moderne und sehr erfolgreiche Methode für die Sprecheridentifikation basierend auf Deep Neural Networks. Sie zeigt, wie KI von DSV-Prinzipien (Feature-Extraktion durch das Netzwerk selbst) profitiert und hochrobuste Sprecherprofile erstellt, die den Zustand der Technik in diesem Bereich repräsentieren.
- **Najafian, M., & Tehrani, M. (2020). Speaker Recognition Based on Deep Learning. *IET Signal Processing, 14*(4), 163–176.** Diese Studie bietet einen Überblick über den Einsatz von Deep Learning für die Sprechererkennung und -verifikation. Sie erklärt, wie verschiedene neuronale Netzwerkarchitekturen lernen, charakteristische Muster in Sprachsignalen zu erkennen, die für die Identifikation und Verifikation von Personen entscheidend sind.

6.1.3 Sprachverbesserung und Rauschunterdrückung in Kommunikationssystemen und Hörgeräten (z. B. Einsatz von GANs)

Kennst du das, wenn du in einem überfüllten Raum telefonierst und die Person am anderen Ende dich kaum versteht, weil so viele Hintergrundgeräusche da sind? Oder wenn ein Hörgerät dem Träger hilft, in lauten Umgebungen besser zu hören? Hier sind S*prachverbesserung* und *Rauschunterdrückung* gefragt. Traditionell wurden hier DSV-Filter eingesetzt, die versucht haben, das Rauschen mathematisch zu modellieren und dann zu entfernen, ähnlich wie ein EQ in einer Stereoanlage bestimmte Frequenzen anhebt oder absenkt. Das funktioniert gut bei bekannten, gleichbleibenden Rauscharten wie einem konstanten Brummen.

Doch bei komplexen, sich ständig ändernden Umgebungsgeräuschen stoßen traditionelle Filter an ihre Grenzen. Hier kommt die KI ins Spiel. Moderne Systeme nutzen *Deep Learning-Modelle*, oft sogar *Generative Adversarial Networks (GANs)*, um die Sprachqualität zu verbessern und Rauschen zu unterdrücken. Ein GAN besteht aus zwei neuronalen Netzen, einem „Generator" und einem „Diskriminator". Der Generator versucht, aus einem verrauschten Sprachsignal ein sauberes zu erzeugen. Der Diskriminator versucht zu erkennen, ob das erzeugte Signal echt und rauschfrei klingt oder ob es immer noch künstlich ist. Durch diesen Wettkampf lernt der Generator, extrem realistische und rauschfreie Sprachsignale zu erzeugen, die das menschliche Ohr als natürlich empfindet. Das ist, als würde ein Künstler lernen, ein verpixeltes Bild so zu malen, dass es scharf und lebensecht aussieht. Diese lernbasierten Ansätze können viel flexibler auf verschiedene Arten von Rauschen reagieren und die Sprachverständlichkeit in schwierigen

Umgebungen erheblich verbessern, sei es beim Telefonieren, in Videokonferenzen oder für Menschen mit Hörgeräten. Die erfolgreiche Rauschunterdrückung ist hier ein großer Erfolg der KI-DSV-Integration.

Literaturhinweise zu 6.1.3 Sprachverbesserung und Rauschunterdrückung

- **Wang, D. L., & Chen, J. (2018). Supervised Speech Separation Based on Deep Learning: An Overview. *IEEE/ACM Transactions on Audio, Speech, and Language Processing, 26*(10), 1702–1721.** Dieser Übersichtsartikel beleuchtet den Einsatz von Deep Learning für die Sprachverbesserung und Rauschunterdrückung. Er zeigt, wie neuronale Netze komplexe Rauschmuster lernen und entfernen können, was über die Möglichkeiten traditioneller DSV-Filter hinausgeht.
- **Pascual, S., Ravanelli, M., & Bengio, Y. (2019). SEGAN: Speech Enhancement Generative Adversarial Network. *Proceedings of the IEEE International Conference on Acoustics, Speech and Signal Processing (ICASSP)*, 5954–5958.** Dieses Paper stellt SEGAN vor, ein Generative Adversarial Network (GAN), das speziell für die Sprachverbesserung entwickelt wurde. Es demonstriert, wie GANs realistische rauschfreie Sprachsignale erzeugen können, die die Sprachverständlichkeit in verrauschten Umgebungen erheblich verbessern.
- **Mohajer, Z., & Salvi, R. (2020). Adaptive noise cancellation in hearing aids using deep learning: A review. *Journal of NeuroEngineering and Rehabilitation, 17*(1), 1–15.** Dieser Übersichtsartikel konzentriert sich auf die adaptive Rauschunterdrückung in Hörgeräten durch Deep Learning. Er zeigt, wie KI-Modelle lernen, sich an wechselnde Geräuschumgebungen anzupassen und die Sprachqualität für Hörgeräteträger zu verbessern.

6.1.4 Musikinformationsgewinnung (Genre-Klassifikation, Beat-Tracking, Quellentrennung)

Musik ist voller Informationen, die für Menschen intuitiv erfassbar sind, für Computer aber eine Herausforderung darstellen. Die *Musikinformationsgewinnung* befasst sich damit, wie KI und DSV diese Informationen aus Audiosignalen extrahieren können. Wenn du eine Musik-App hast, die dir sagt, welches Genre ein Lied hat (z. B. Rock, Pop, Klassik), dann ist hier eine KI am Werk, die aus den musikalischen Merkmalen (Frequenzen, Rhythmus) gelernt hat, Genres zu klassifizieren. DSV-Techniken werden genutzt, um das Audiosignal in seine einzelnen Frequenzen zu zerlegen, die Lautstärke über die Zeit zu messen und andere musikalische Merkmale zu extrahieren. Diese Merkmale werden dann an KI-Modelle (oft neuronale Netze) übergeben, die die *Genre-Klassifikation* vornehmen.

Ein weiteres Beispiel ist das *Beat-Track*ing. Das ist die Fähigkeit, den Rhythmus oder Puls eines Liedes zu erkennen und die genaue Geschwindigkeit (BPM – Beats per Minute) zu bestimmen, so wie ein DJ den Beat eines Songs findet. DSV-Techniken können hier verwendet werden, um rhythmische Muster im Audiosignal hervorzuheben, und KI-Algorithmen können dann diese Muster nutzen, um den genauen Takt zu verfolgen.

Noch komplexer ist die *Quellentrennung*. Stell dir vor, du hast eine Aufnahme eines Orchesters, und du möchtest die Klarinette von der Geige und dem Schlagzeug trennen. Das ist eine enorme Herausforderung für die DSV, da sich die Frequenzbereiche der Instrumente überlappen. Moderne KI-Ansätze, oft mit Deep Learning, können jedoch lernen, die individuellen „Stimmen" der Instrumente zu isolieren, selbst wenn sie gleichzeitig spielen! Dies funktioniert, indem die KI mit vielen Beispielen einzelner Instrumente und deren Mischungen trainiert wird und dann lernt, wie sie die einzelnen Quellen aus der komplexen Mischung herausfiltern kann. Diese Technik wird zum Beispiel in professioneller Audioproduktion eingesetzt, um einzelne Spuren aus Aufnahmen zu extrahieren. Der *Erfolg der Quellentrennung* zeigt die Fähigkeit der KI, die Grenzen der traditionellen DSV zu überwinden.

Literaturhinweise zu 6.1.4 Musikinformationsgewinnung

- **Meseguer-Broz, E., et al. (2020). Deep Learning for Music Information Retrieval: A Survey. *Journal of New Music Research, 49*(1), 1–24.** Diese Übersicht konzentriert sich auf den Einsatz von Deep Learning in der Musikinformationsgewinnung, einschließlich Aufgaben wie Genre-Klassifikation und Beat-Tracking. Sie zeigt, wie KI und DSV zusammenarbeiten, um musikalische Strukturen zu analysieren und zu interpretieren, und hebt die erzielten Fortschritte hervor.
- **Sturm, B. L., et al. (2018). A Survey of Deep Learning Methods for Music Generation. *Journal of Artificial Intelligence Research, 62*, 267–300.** Obwohl dieser Artikel Musikgenerierung behandelt, sind die zugrunde liegenden Techniken zur Feature-Extraktion und zum Verständnis musikalischer Strukturen relevant für die Musikinformationsgewinnung. Er zeigt, wie KI-Modelle lernen, musikalische Muster zu erkennen und zu nutzen, was die Rolle der DSV-Vorverarbeitung unterstreicht.
- **DeepMind. (2020). Divide and Conquer: Learning to Separate Audio by Instruments with Deep Learning.** Obwohl es sich um eine informelle Veröffentlichung eines Forschungsinstituts handelt, beleuchtet diese Fallstudie die Quellentrennung mit Deep Learning und zeigt die beeindruckenden Erfolge bei der Isolierung einzelner Instrumente aus Musikstücken. Dies ist ein direktes Beispiel für die Konvergenz von KI und DSV in der Audioverarbeitung.

6.1.5 Sound Event Detection und akustische Szenenanalyse

Wenn dein Smartphone erkennt, dass eine Sirene in der Nähe ist und dich warnt, oder wenn ein Überwachungssystem ungewöhnliche Geräusche (wie das Zerspringen von Glas) identifiziert, dann ist das Sound Event Detection oder akustische Szenenanalyse. Während die DSV Frequenzspektren analysieren kann, um die physikalischen Eigenschaften eines Geräusches zu bestimmen (z. B. welche Frequenzen eine Sirene typischerweise hat), ist es die KI, die lernt, diese Muster als spezifisches „Ereignis" zu klassifizieren (z. B. „Sirene", „Hundebellen", „Glassplittern").

Die *akustische Szenenanalyse* geht noch einen Schritt weiter: Sie versucht, die gesamte Geräuschkulisse zu verstehen, um die Umgebung zu identifizieren. Ein System könnte erkennen, dass es sich um eine „Park"-Szene handelt, weil es Vogelgezwitscher, Kinderstimmen und das Rauschen von Blättern hört, oder eine „Fabrik"-Szene, weil es Maschinenlärm und Hämmern wahrnimmt. DSV-Techniken werden eingesetzt, um die Rohaudiodaten für die KI aufzubereiten und aussagekräftige Klangmerkmale zu extrahieren, während Deep-Learning-Modelle darauf trainiert werden, diese komplexen Geräuschmuster zu identifizieren und zu klassifizieren. Diese Fähigkeit ist entscheidend für intelligente Umgebungen, Überwachungssysteme und sogar für Roboter, die ihre Umgebung durch Geräusche „verstehen" müssen. Der Erfolg dieser Analyse liegt in der Möglichkeit, Umweltgeräusche intelligent zu interpretieren.

Literaturhinweise zu 6.1.5 Sound Event Detection und akustische Szenenanalyse

- **Gemmeke, J. F., et al. (2017). Audio Set: An Ontology of Audio Events and A Large Scale Dataset of Human-Labeled Sound Events. *Proceedings of the IEEE International Conference on Acoustics, Speech and Signal Processing (ICASSP)*, 7765–7769.** Diese Arbeit stellt Audio Set vor, einen großen Datensatz für Sound Event Detection und akustische Szenenanalyse. Sie unterstreicht die Rolle von KI-Modellen bei der Klassifikation und Interpretation von Umweltgeräuschen, die eine Kombination aus DSV-Merkmalsextraktion und KI-Mustererkennung erfordert.
- **Piczak, K. J. (2015). Environmental Sound Classification with Convolutional Neural Networks. *Proceedings of the 25th International Joint Conference on Artificial Intelligence (IJCAI) Workshop on Environmental Sound Analysis.*** Diese Studie demonstriert den Einsatz von Convolutional Neural Networks (CNNs) für die Klassifikation von Umweltgeräuschen, ein Kernbestandteil der akustischen Szenenanalyse. Es zeigt, wie KI von DSV-vorverarbeiteten Audiodaten lernt, um verschiedene Klangereignisse zu identifizieren.
- **Kong, Q., et al. (2020). PANNs: Large-Scale Pretrained Audio Neural Networks for Audio Pattern Recognition. *IEEE/ACM Transactions on Audio,***

***Speech, and Language Processing, 28*, 2880–2894.** Diese Forschung präsentiert PANNs, vor-trainierte neuronale Netze für die Audio-Mustererkennung, die auch in der Sound Event Detection und akustischen Szenenanalyse eingesetzt werden. Sie verdeutlicht die Erfolge von Deep Learning bei der Erfassung komplexer Audiomuster.

6.2 Bild- und Videosignalverarbeitung

Die Fähigkeit von Computern, Bilder und Videos zu „sehen“ und zu „verstehen“, ist ein weiterer Bereich, in dem die Synergie von KI und DSV zu erstaunlichen Fortschritten geführt hat. Von der Verbesserung alter Fotos bis zur Steuerung autonomer Fahrzeuge ist diese Kombination allgegenwärtig.

6.2.1 KI-gestützte Bildrestauration, Super-Resolution und Denoising

Stell dir vor, du hast ein sehr altes, verblasstes und zerkratztes Foto deiner Urgroßeltern, oder ein Überwachungsbild ist so unscharf und verpixelt, dass man keine Details erkennen kann. Hier kommt die *KI-gestützte Bildrestauration* ins Spiel. Traditionelle DSV-Techniken konnten Rauschen entfernen oder den Kontrast verbessern, aber sie waren begrenzt, wenn es darum ging, fehlende Informationen zu „erraten“ oder komplexe Beschädigungen zu reparieren. Moderne KI-Modelle, insbesondere solche aus dem *Deep Learning*-Bereich, können heute Unglaubliches leisten.

Bei der *Super-Resolution* nimmt eine KI ein niedrig aufgelöstes, unscharfes Bild und erzeugt daraus ein hochauflösendes, scharfes Bild. Das System hat gelernt, wie echte Bilder aussehen, und kann daher fehlende Pixel und Details „halluzinieren“, die im Original nicht vorhanden waren. Es ist, als würde ein Künstler ein unscharfes Porträt so ergänzen, dass plötzlich jede Haarsträhne und jeder Gesichtszug klar wird.

Ähnlich funktioniert das *Denoising* (Rauschunterdrückung). Wenn ein Foto unter schlechten Lichtverhältnissen aufgenommen wurde und viele störende „Körner“ (Rauschen) enthält, kann eine KI lernen, dieses Rauschen zu erkennen und zu entfernen, ohne wichtige Bilddetails zu verwischen. Ein neuronales Netz wird mit Tausenden von verrauschten und rauschfreien Bildpaaren trainiert und lernt, das Rauschen effektiv vom eigentlichen Bildinhalt zu trennen, oft mit besserer Qualität als herkömmliche DSV-Filter, die nicht „wissen“, was ein relevantes Detail und was nur Rauschen ist. Die DSV liefert hier die grundlegenden Operationen zur Bilderpräsentation und Filterung, während die KI die Intelligenz beisteuert, um komplexe, nicht-lineare Verbesserungen vorzunehmen, die weit über das hinausgehen, was mit einfachen mathematischen Modellen möglich wäre. Die Erfolge in der Bildqualität sind dabei beeindruckend.

Literaturhinweise zu 6.2.1 KI-gestützte Bildrestauration, Super-Resolution und Denoising

- **Vincent, P., Larochelle, H., Lajoie, I., Bengio, Y., & Manzagol, P. A. (2010). Stacked Denoising Autoencoders: Learning Useful Features for Deep Learning.** ***Journal of Machine Learning Research, 11*, 3371–3408.** Diese Arbeit stellt Denoising Autoencoder vor, die eine der grundlegenden Architekturen für KI-basierte Rauschunterdrückung (Denoising) sind. Sie zeigen, wie neuronale Netze effektiver Rauschen aus Signalen entfernen können als traditionelle Methoden.
- **Dong, C., Loy, C. C., He, K., & Tang, X. (2016). Image Super-Resolution Using Deep Convolutional Networks.** ***IEEE Transactions on Pattern Analysis and Machine Intelligence, 38*(2), 295–307.** Diese wegweisende Studie demonstriert die Anwendung von Deep Learning für die Super-Resolution von Bildern. Sie zeigt, wie KI fehlende Informationen rekonstruieren kann, was über die Möglichkeiten herkömmlicher DSV-Methoden hinausgeht und zu deutlich schärferen Bildern führt.
- **Schlemper, J., Caballero, J., Price, A. N., Hajnal, J. V., & Rueckert, D. (2018). A Deep Cascade of Convolutional Neural Networks for Dynamic MR Image Reconstruction.** ***IEEE Transactions on Medical Imaging, 37*(2), 491–503.** Diese Arbeit ist ein gutes Beispiel für die Anwendung von Deep Learning zur Artefakt-Reduktion in medizinischen Bildern, was eine Form der Bildrestauration darstellt. Sie zeigt, wie KI-Modelle lernen, Störungen zu entfernen und die Bildqualität zu verbessern.

6.2.2 Objekterkennung, -segmentierung und -verfolgung (z. B. YOLO, Mask R-CNN) – Rolle von DSV in der Vorverarbeitung und Merkmalsextraktion (auch wenn oft in CNNs implizit gelernt)

Wenn dein autonomes Auto Fußgänger, andere Fahrzeuge und Verkehrsschilder auf der Straße identifizieren und deren Position bestimmen muss, dann ist das *Objekterkennung*. Geht es darum, nicht nur ein Rechteck um das Objekt zu ziehen, sondern jeden einzelnen Pixel eines Objekts zu markieren (z. B. die genaue Umrisse eines Fußgängers zu erfassen), spricht man von *Objektsegmentierung*. Und wenn das System verfolgen muss, wie sich diese Objekte bewegen, ist das *Objektverfolgung*.

Moderne KI-Modelle wie *YOLO (You Only Look Once)* oder *Mask R-CNN* sind hier die Stars. Ein YOLO-Modell ist extrem schnell und kann Dutzende von Objekten in Echtzeit auf einem Videobild erkennen und mit einem Rahmen markieren, während ein Mask R-CNN zusätzlich noch die genaue Form jedes Objekts pixelgenau segmentieren kann.

Die Rolle der DSV in diesen Prozessen ist oft subtiler geworden, aber immer noch vorhanden. Früher, vor dem Aufstieg der Deep-Learning-Revolution, musste die DSV explizit Merkmale aus Bildern extrahieren. Das waren zum Beispiel Kanten, Ecken, Farbverteilungen oder Texturen. Diese Merkmale wurden dann an Klassifikationsalgorithmen (KIs) übergeben. Heute lernen die *Convolutional Neural Networks (CNNs),* die diesen KI-Modellen zugrunde liegen, diese Merkmale oft *implizit* in ihren ersten Schichten. Das heißt, die Faltungsschichten eines CNNs fungieren als eine Art lernende Filterbänke, die automatisch die relevantesten Muster im Bild erkennen, die für die Objekterkennung entscheidend sind. Die DSV-Prinzipien der Filterung und Merkmalsextraktion sind also immer noch da, aber sie sind in das neuronale Netz „eingebacken" und werden vom Modell selbst gelernt, anstatt dass ein Mensch sie manuell programmiert. Dies führt zu einem großen Erfolg bei der präzisen und schnellen Erkennung von Objekten.

Literaturhinweise zu 6.2.2 Objekterkennung, -segmentierung und -verfolgung

- **Redmon, J., & Farhadi, A. (2018). YOLOv3: An Incremental Improvement.** ***arXiv preprint arXiv:1804.02767*****.** Dieser Forschungsartikel stellt den YOLO-Algorithmus vor, der ein herausragendes Beispiel für Echtzeit-Objekterkennung mit Deep Learning ist. Er demonstriert, wie ein KI-Modell komplexe Objekterkennungsaufgaben effizient ausführen kann, die eine tiefe Verarbeitung visueller Signale erfordern, und zeigt die erzielten Geschwindigkeitsvorteile.
- **He, K., Gkioxari, G., Dollár, P., & Girshick, R. (2017). Mask R-CNN.** ***Proceedings of the IEEE International Conference on Computer Vision (ICCV),*** **2961–2969.** Diese wegweisende Arbeit führt Mask R-CNN ein, das Objektsegmentierung mit Objekterkennung kombiniert. Es zeigt die fortgeschrittenen Fähigkeiten von KI, pixelgenaue Masken um Objekte in Bildern zu erzeugen, was für viele Anwendungen in der medizinischen Bildanalyse oder im autonomen Fahren entscheidend ist und einen wichtigen Erfolg darstellt.
- **Girshick, R., Donahue, J., Darrell, T., & Malik, J. (2014). Rich Feature Hierarchies for Accurate Object Detection and Semantic Segmentation.** ***Proceedings of the IEEE Conference on Computer Vision and Pattern Recognition (CVPR),*** **580–587.** Dieses Paper ist ein früher, einflussreicher Beitrag zur modernen Objekterkennung mit Deep Learning. Es zeigt, wie hierarchische Merkmale (oft durch DSV-ähnliche Operationen in CNNs gelernt) für die präzise Objektdetektion genutzt werden können.

6.2.3 Medizinische Bildanalyse: Detektion von Tumoren, Analyse von Röntgenbildern, MRT-, CT-Scans (DSV für Bildregistrierung, Segmentierung; KI für Klassifikation)

Die *Medizinische Bildanalyse* ist ein lebenswichtiges Anwendungsfeld, in dem KI und DSV Ärzte bei der Diagnose und Behandlungsplanung unterstützen. Stell dir vor, ein Arzt muss auf einem MRT-Bild des Gehirns nach einem winzigen Tumor suchen, oder auf einem Röntgenbild nach Knochenbrüchen.

Hierbei spielt die DSV eine wichtige vorbereitende Rolle. Wenn ein Patient mehrere MRT-Scans zu verschiedenen Zeitpunkten erhalten hat, muss die *Bildregistrierung* sicherstellen, dass die Bilder perfekt übereinanderliegen, damit man Veränderungen (z. B. Wachstum eines Tumors) genau vergleichen kann. Das ist, als würde man zwei Landkarten übereinanderlegen, die leicht verschoben sind, damit alle Orte genau übereinstimmen. Die *Segmentierung* durch DSV hilft, bestimmte Bereiche von Interesse zu isolieren, zum Beispiel, um die genaue Form eines Organs oder einer Läsion zu bestimmen, damit die KI sich auf den relevanten Bereich konzentrieren kann.

Nachdem die DSV die Bilder optimal vorbereitet und strukturiert hat, übernimmt die KI die Klassifikation und Detektion. Deep-Learning-Modelle werden mit Tausenden von medizinischen Bildern trainiert, die von Ärzten kommentiert wurden (z. B. „hier ist ein Tumor", „dies ist ein Bruch"). Die KI lernt dann, auf neuen Bildern Muster zu erkennen, die auf Krankheiten hindeuten, und diese zu lokalisieren. Sie kann beispielsweise mit hoher Genauigkeit winzige Anomalien erkennen, die einem menschlichen Auge entgehen könnten. Der Erfolg der Kombination aus präziser DSV zur Aufbereitung der medizinischen Daten und der leistungsstarken KI zur Mustererkennung und Klassifikation führt zu besseren Diagnosen und schnellerer Hilfe für Patienten, was die Herausforderung der Präzision in der Medizin bewältigt.

Literaturhinweise zu 6.2.3 Medizinische Bildanalyse

- **Litjens, G., et al. (2017). A survey on deep learning in medical image analysis. *Medical Image Analysis, 42*, 60–88.** Dieser Übersichtsartikel beleuchtet die Rolle von Deep Learning in der medizinischen Bildanalyse, einschließlich der Detektion von Tumoren und der Analyse von Röntgen-, MRT- und CT-Scans. Er beschreibt auch, wie DSV-Techniken wie Bildregistrierung und Segmentierung als Vorbereitung für KI-basierte Klassifikation dienen.
- **Ronner, M., et al. (2015). U-Net: Convolutional Networks for Biomedical Image Segmentation. *International Conference on Medical Image Computing and Computer-Assisted Intervention (MICCAI)*, 234–241.** Dieses Paper stellt das U-Net vor, eine spezialisierte CNN-Architektur, die für die Segmentierung

in der biomedizinischen Bildanalyse entwickelt wurde. Es zeigt, wie KI, aufbauend auf DSV-Prinzipien, pixelgenaue Segmentierungen für die Tumordetektion oder Organanalyse ermöglicht.

- **Greenspan, H., van Ginneken, B., & Summers, R. M. (2016). Deep Learning in Medical Imaging: Overview and Future Potential. *IEEE Transactions on Medical Imaging, 37*(6), 1431–1442.** Diese Übersicht konzentriert sich auf das Potenzial von Deep Learning in der medizinischen Bildgebung. Sie diskutiert die Erfolge von KI bei der Klassifikation und Detektion von Anomalien in medizinischen Bildern und die notwendige Vorarbeit durch DSV.

6.2.4 Gesichtserkennung und Emotionsanalyse

Die *Gesichtserkennung* ist dir wahrscheinlich von deinem Smartphone bekannt, das du mit deinem Gesicht entsperrst. Dies ist ein direktes Ergebnis der Integration von KI und DSV. Zuerst werden die Rohpixel des Kamerabildes von DSV-Techniken verarbeitet, um die Qualität zu verbessern und die Gesichtsregion zu finden. Dann kommen fortschrittliche KI-Modelle zum Einsatz, die gelernt haben, die einzigartigen Merkmale deines Gesichts (wie den Abstand der Augen, die Form der Nase, die Lippenkontur) zu identifizieren und sie deinem gespeicherten Muster zuzuordnen. Diese Modelle sind so trainiert, dass sie auch unter verschiedenen Lichtverhältnissen, mit Brillen oder Bärten zuverlässig arbeiten. Der Erfolg ist dabei die schnelle und präzise Authentifizierung.

Die *Emotionsanalyse* geht noch einen Schritt weiter. Hier versucht die KI, aus dem Gesichtsausdruck einer Person deren Emotionen (z. B. Freude, Traurigkeit, Überraschung, Wut) zu erkennen. Die DSV hilft wieder bei der Bildvorverarbeitung. Die KI wird dann mit Bildern von Gesichtern in verschiedenen emotionalen Zuständen trainiert und lernt, die subtilen Veränderungen in Mimik und Gesichtsmuskeln zu interpretieren. Diese Technologie findet Anwendung in der Interaktion zwischen Mensch und Maschine, in der Marktforschung oder auch in der Psychologie, um das Verhalten von Menschen besser zu verstehen. Die Herausforderung ist hierbei die Subtilität menschlicher Emotionen.

Literaturhinweise zu 6.2.4 Gesichtserkennung und Emotionsanalyse

- **Schroff, F., Kalenichenko, D., & Philbin, J. (2015). FaceNet: A Unified Embedding for Face Recognition and Clustering. *Proceedings of the IEEE Conference on Computer Vision and Pattern Recognition (CVPR)*, 815–823.** Diese Arbeit stellt FaceNet vor, ein Deep-Learning-Modell, das die State-of-the-Art-Leistung in der Gesichtserkennung erzielte. Es zeigt die Erfolge der KI bei der präzisen Identifikation von Personen durch Gesichtsmerkmale, oft nach DSV-Vorverarbeitung der Bilder.

- **Ekman, P., & Friesen, W. V. (1971). Constants across cultures in the face and emotion.** ***Journal of Personality and Social Psychology, 17*****(2), 124–129.** Dieses grundlegende Paper in der Psychologie legt die Basis für die Emotionsanalyse durch universelle Gesichtsausdrücke. Während es keine KI-Methoden behandelt, ist es die wissenschaftliche Grundlage, auf der KI-Modelle trainiert werden, um menschliche Emotionen aus Gesichtern zu erkennen.
- **Li, S., & Deng, W. (2020). Deep Facial Expression Recognition: A Survey.** ***IEEE Transactions on Affective Computing, 11*****(3), 391–411.** Dieser Übersichtsartikel konzentriert sich auf den Einsatz von Deep Learning für die Gesichtsemotionserkennung. Er diskutiert die verschiedenen KI-Modelle, die lernen, Emotionen aus Gesichtsausdrücken zu identifizieren, und die Rolle der DSV bei der Vorverarbeitung von Bilddaten für diese Aufgabe.

6.2.5 Intelligente Videoanalyse für Überwachung und autonome Systeme

Stell dir Überwachungskameras vor, die nicht nur aufzeichnen, sondern auch „verstehen", was passiert. Oder autonome Fahrzeuge, die ihre Umgebung in Echtzeit erfassen und darauf reagieren müssen. Das ist das Feld *der intelligenten Videoanalyse*. Hier werden riesige Mengen an Videodaten verarbeitet.

Die DSV spielt eine Rolle bei der initialen Kompression (z. B. H.264/H.265-Standards für Video), Dekompression, Rauschunterdrückung und der Stabilisierung von Videobildern. Das ist, als würde man ein verwackeltes Video so glätten, dass es einfacher zu analysieren ist.

Danach übernimmt die KI die Hauptlast der Interpretation. Sie führt Aufgaben wie die *Objekterkennung* (z. B. Menschen, Fahrzeuge, Tiere), *Objektverfolgung* (wie sich ein Objekt durch den Raum bewegt) und die *Aktionserkennung* (z. B. ob jemand rennt, fällt oder eine bestimmte Geste macht) durch. In autonomen Systemen muss die KI in Millisekunden entscheiden, ob ein Objekt ein Hindernis ist, ein Fußgänger die Straße überqueren will oder ein Verkehrsschild eine Geschwindigkeitsbegrenzung anzeigt. Die Fähigkeit, diese komplexen dynamischen Szenen in Echtzeit zu analysieren und darauf basierend Entscheidungen zu treffen, ist nur durch das nahtlose Zusammenspiel von effizienter DSV und leistungsstarker, lernfähiger KI möglich. Die DSV liefert die sauberen, effizienten Videoströme, und die KI extrahiert daraus das semantische Verständnis für das autonome System. Die Herausforderung ist hierbei die Echtzeitverarbeitung und die Erfolge sind die Fortschritte im autonomen Fahren.

Literaturhinweise zu 6.2.5 Intelligente Videoanalyse für Überwachung und autonome Systeme

- **Caesar, H., et al. (2020). nuScenes: A multimodal dataset for autonomous driving.** ***Proceedings of the IEEE/CVF Conference on Computer Vision and Pattern Recognition (CVPR)*** **, 11621–11631.** Dieses Papier stellt einen großen multimodalen Sensordatensatz für autonomes Fahren vor. Es verdeutlicht die Komplexität der Videodaten und die Notwendigkeit von KI zur intelligenten Videoanalyse, Objekterkennung und Szenenverständnis in Echtzeit.
- **Geiger, A., Lenz, P., & Urtasun, R. (2012). Are We There Yet? The KITTI Vision Benchmark Suite.** ***Proceedings of the IEEE Conference on Computer Vision and Pattern Recognition (CVPR)*****, 3360–3367.** KITTI ist ein weit verbreiteter Datensatz, der die Anforderungen an die intelligente Videoanalyse und Objektverfolgung in realen Fahrszenarien aufzeigt. Er demonstriert die Herausforderungen und Fortschritte bei der Nutzung von DSV-aufbereiteten Videodaten für KI-Anwendungen in autonomen Systemen.
- **Ren, S., He, K., Girshick, R., & Sun, J. (2015). Faster R-CNN: Towards Real-Time Object Detection with Region Proposal Networks.** ***Advances in Neural Information Processing Systems, 28*****.** Dieses Paper stellt Faster R-CNN vor, einen Meilenstein in der Echtzeit-Objekterkennung in Bildern und Videos. Es zeigt, wie KI-Modelle die Bildverarbeitung für die intelligente Videoanalyse so optimieren können, dass sie Geschwindigkeitsanforderungen für Überwachung und autonome Systeme erfüllen.

6.3 Biomedizinische Signalverarbeitung (über Bildgebung hinaus)

Neben der Bildgebung spielt die Integration von KI und DSV eine immer wichtigere Rolle bei der Analyse anderer biomedizinischer Signale, die Aufschluss über die Funktion unseres Körpers geben können.

6.3.1 Analyse von Elektrokardiogrammen (EKG) zur Arrhythmie-Detektion (DSV für QRS-Detektion, Rauschfilterung; KI für Klassifikation komplexer Muster)

Das *Elektrokardiogramm (EKG)* ist eine Aufzeichnung der elektrischen Aktivität des Herzens. Ärzte nutzen es, um Herzerkrankungen zu diagnostizieren, wie zum Beispiel *Arrhythmien* (Herzrhythmusstörungen). Stell dir vor, ein EKG wird über 24 h aufgezeichnet, um seltene, unregelmäßige Herzschläge zu finden. Das ist eine riesige Datenmenge, die ein Mensch kaum manuell überprüfen könnte.

Hier beginnt die Arbeit der DSV. Zuerst müssen die rohen EKG-Signale *gefiltert* werden, um Rauschen zu entfernen, das durch Muskelbewegungen oder elektrische Interferenzen entstehen kann, ähnlich wie man eine Audioaufnahme von Störgeräuschen bereinigt. Dann werden DSV-Algorithmen eingesetzt, um spezifische Punkte im EKG zu finden, wie die *QRS-Komplexe*, die die Hauptaktivität der Herzkammern darstellen. Die genaue Detektion dieser QRS-Komplexe ist entscheidend, um den Herzschlag und seine Regelmäßigkeit zu analysieren.

Sobald diese präzisen DSV-Schritte durchgeführt sind, übernimmt die KI die *Klassifikation komplexer Muster*. Ein neuronales Netz wird mit Tausenden von EKG-Aufzeichnungen trainiert, die von Kardiologen als „normal", „Arrhythmie Typ A", „Arrhythmie Typ B" usw. gelabelt wurden. Die KI lernt dann, die feinen, oft subtilen Muster in den QRS-Komplexen und den Abständen dazwischen zu erkennen, die auf eine bestimmte Arrhythmie hindeuten. Ein KI-System kann diese komplexen Muster oft viel schneller und zuverlässiger erkennen als ein menschlicher Arzt, insbesondere bei langen Aufzeichnungen und seltenen Ereignissen. Die DSV liefert die sauberen, strukturierten Herzschläge, und die KI interpretiert deren Bedeutung für die Diagnose. Dies ist ein großer Erfolg bei der Arrhythmie-Detektion.

Literaturhinweise zu 6.3.1 Analyse von Elektrokardiogrammen (EKG) zur Arrhythmie-Detektion

- **Clifford, G. D., et al. (2006).** ***Advanced Methods and Technologies for ECG Data Processing*. Artech House.** Dieses Buch behandelt fortgeschrittene Methoden der DSV für die EKG-Analyse, einschließlich Rauschfilterung und QRS-Detektion. Es ist eine gute Grundlage, um zu verstehen, wie EKG-Signale für die nachfolgende KI-basierte Arrhythmie-Detektion präzise vorbereitet werden.
- **Hannun, A., et al. (2019). Cardiologist-level arrhythmia detection and classification in ambulatory electrocardiograms using a deep neural network.** ***Nature Medicine, 25*(1), 65–69.** Diese wegweisende Studie demonstriert, wie ein Deep Neural Network (KI) auf das Niveau von Kardiologen bei der Arrhythmie-Detektion in EKG-Signalen gelangen kann. Sie zeigt den Erfolg der KI bei der Klassifikation komplexer EKG-Muster nach DSV-Vorverarbeitung.
- **Rajpurkar, P., et al. (2018). Deep learning for ECG analysis: A review.** ***Journal of Electrocardiology, 54*, 14–20.** Dieser Übersichtsartikel beleuchtet die Anwendung von Deep Learning für die EKG-Analyse. Er diskutiert, wie KI-Modelle lernen, komplexe EKG-Muster zu klassifizieren, um Arrhythmien zu detektieren, und betont die Zusammenarbeit mit DSV-Techniken für die Signalaufbereitung.

6.3.2 Analyse von Elektroenzephalogrammen (EEG) für Brain-Computer Interfaces (BCIs), Schlafphasenanalyse, Epilepsiedetektion

Das *Elektroenzephalogramm (EEG)* misst die elektrische Aktivität des Gehirns. Es ist ein sehr „verrauschtes" Signal, aber es enthält faszinierende Informationen über unsere Gedanken, Emotionen und Zustände.

Für *Brain-Computer Interfaces (BCIs)*, also Systeme, die es Menschen ermöglichen, Computer oder Prothesen allein durch Gedanken zu steuern, ist das Zusammenspiel von DSV und KI entscheidend. Zuerst müssen die rohen EEG-Signale mit DSV-Techniken umfassend gefiltert und von Artefakten bereinigt werden, die durch Augenbewegungen oder Muskelaktivität entstehen. Dann werden aus diesen gereinigten Signalen Merkmale wie Frequenzbänder oder ereigniskorrelierte Potenziale extrahiert. Ein KI-Modell (oft ein neuronales Netz) lernt dann, spezifische Denkmuster oder Absichten aus diesen EEG-Merkmalen zu klassifizieren, zum Beispiel, ob sich eine Person vorstellt, einen Arm zu bewegen, um einen Roboterarm zu steuern. Der Erfolg ist hier die Fähigkeit, Gedanken in Aktionen umzusetzen.

Ähnlich wird bei der *Schlafphasenanalyse* vorgegangen. Hier lernt eine KI aus EEG-Mustern, in welcher Schlafphase sich eine Person befindet (z. B. Leichtschlaf, Tiefschlaf, REM-Schlaf), was wichtig für die Diagnose von Schlafstörungen ist. Auch bei der *Epilepsiedetektion* ist die KI von unschätzbarem Wert. Hier lernt die KI, subtile EEG-Muster zu erkennen, die auf epileptische Anfälle hindeuten, oft lange bevor ein Anfall klinisch sichtbar wird. Die Herausforderung ist die hohe Variabilität der EEG-Signale. Die DSV bereitet die riesigen Mengen an EEG-Daten vor und die KI entschlüsselt die verborgenen Informationen im Gehirn, was zu großen **Erfolgen** in der Diagnostik führt.

Literaturhinweise zu 6.3.2 Analyse von Elektroenzephalogrammen (EEG)

- **Lotte, F., et al. (2018). A review of classification algorithms for EEG-based brain–computer interfaces. *Journal of Neural Engineering, 15*(3), 031005.** Dieser Übersichtsartikel konzentriert sich auf die Klassifikationsalgorithmen (KIs) für EEG-basierte Brain-Computer Interfaces (BCIs). Er beschreibt, wie nach der DSV-Vorverarbeitung von EEG-Signalen (Filterung, Artefaktbereinigung) KI-Modelle verwendet werden, um mentale Zustände oder Befehle zu erkennen, was die Erfolge in diesem Bereich verdeutlicht.
- **Tehrani, S. S., et al. (2017). A Survey of Methods for Sleep Stage Classification Based on EEG. *Sleep Medicine Reviews, 32*, 3–17.** Diese Studie beleuchtet die Methoden zur Schlafphasenanalyse basierend auf EEG-Signalen. Sie zeigt die Rolle von DSV bei der Signalbereinigung und Merkmalsextraktion und die Anwendung von KI zur automatischen Klassifikation der Schlafstadien, was zu einer objektiveren Bewertung der Schlafqualität führt.

- **Shoeb, A. (2010). Application of machine learning to epileptic seizure detection. *Doctoral dissertation, Massachusetts Institute of Technology*.** Diese Dissertation ist ein Beispiel für den Einsatz von Maschinellem Lernen (KI) für die Epilepsiedetektion auf Basis von EEG-Signalen. Sie beschreibt die Herausforderungen der EEG-Analyse und die Erfolge von KI-Modellen bei der Erkennung subtiler Anfallsmuster.

6.3.3 Auswertung von Wearable-Sensor-Daten für Gesundheitsmonitoring und Aktivitätserkennung

Wearables, wie Fitness-Tracker oder Smartwatches, sammeln ständig eine Vielzahl von Daten: Herzfrequenz, Schritte, Schlafqualität, sogar Blutsauerstoff. Die Auswertung dieser Wearable-Sensor-Daten ist ein wachsender Bereich, in dem KI und DSV eine Schlüsselrolle spielen.

Nehmen wir die *Aktivitätserkennung*. Dein Fitness-Tracker erkennt, ob du gehst, läufst, schwimmst oder schläfst. Hierfür werden die Rohdaten der Beschleunigungssensoren und Gyroskope des Wearables von der DSV *gefiltert und geglättet*. Dann werden aus diesen Zeitreihen-Signalen Merkmale extrahiert, wie die durchschnittliche Beschleunigung, die Periodizität der Bewegung oder die Amplitude der Schwingungen. Ein KI-Modell (z. B. ein Entscheidungsbaum oder ein neuronales Netz) wird dann mit diesen Merkmalen trainiert, um die spezifischen Bewegungsmuster den verschiedenen Aktivitäten zuzuordnen.

Für das *Gesundheitsmonitoring* ist es ähnlich. Wenn dein Smartwatch ungewöhnliche Herzfrequenzschwankungen erkennt oder einen potenziellen Sturz identifiziert, basiert das auf der Analyse von Sensordaten. Die DSV bereitet die Signale (z. B. PPG-Signale zur Herzfrequenzmessung) auf und filtert Rauschen. Die KI lernt dann, Muster zu erkennen, die auf Gesundheitsrisiken oder kritische Ereignisse hindeuten. Die Herausforderung ist oft, dass die Sensordaten von Wearables im Alltag sehr unregelmäßig und verrauscht sein können, aber die kombinierte Stärke von DSV und KI ermöglicht es, dennoch wertvolle Erkenntnisse für die persönliche Gesundheit zu gewinnen, was ein großer Erfolg dieser Integration ist.

Literaturhinweise zu 6.3.3 Auswertung von Wearable-Sensor-Daten

- **Figo, V., et al. (2010). Automatic Recognition of Physical Activities from Accelerometer Data. *Journal of Medical Systems, 34*(3), 519–532.** Diese Arbeit ist ein Beispiel für die Auswertung von Wearable-Sensor-Daten zur Aktivitätserkennung. Sie zeigt, wie DSV-Techniken zur Vorverarbeitung von

Beschleunigungssensor-Daten eingesetzt werden und KI-Algorithmen diese Daten dann zur Klassifikation verschiedener körperlicher Aktivitäten nutzen.

- **Ignatov, A. (2018). Real-time human activity recognition from accelerometer data using smartphone sensors. *Proceedings of the 2018 International Joint Conference on Neural Networks (IJCNN)*, 1–8.** Diese Studie demonstriert die Echtzeit-Aktivitätserkennung auf Smartphones unter Verwendung von Beschleunigungssensoren. Sie zeigt die Erfolge von KI-Modellen, die auf DSV-vorverarbeiteten Sensordaten lernen, um menschliche Aktivitäten zu klassifizieren, was für das Gesundheitsmonitoring relevant ist.
- **Haghi, M., et al. (2017). Wearable Devices for Health Monitoring: A Literature Review. *Journal of Biomedical Engineering and Informatics, 11*(1), 1–13.** Dieser Übersichtsartikel bewertet den Einsatz von Wearable Devices für das Gesundheitsmonitoring. Er diskutiert die verschiedenen Arten von Sensordaten (z. B. Herzfrequenz, Aktivität) und die Notwendigkeit von DSV zur Signalaufbereitung sowie KI zur Interpretation dieser Daten, um relevante Gesundheitsinformationen zu extrahieren.

6.4 Kommunikationstechnik und Funknetze

Die Art und Weise, wie wir heute kommunizieren – sei es über das Mobiltelefon, WLAN oder andere drahtlose Verbindungen – wäre ohne die enge Zusammenarbeit von KI und DSV undenkbar. Funkwellen sind komplexe Signale, die verarbeitet und interpretiert werden müssen.

6.4.1 KI für Kanalcodierung, -schätzung und -entzerrung in komplexen Umgebungen

Stell dir vor, du telefonierst mit jemandem, und das Signal rauscht oder bricht ab, weil du dich gerade in einem Tunnel befindest oder viele Gebäude die Funkwellen stören. Die Funkverbindung zwischen deinem Handy und dem Mobilfunkmast ist der „Kanal“. Die ***Kanalcodierung*** fügt dem Signal zusätzliche Informationen hinzu, um Fehler bei der Übertragung zu korrigieren, ähnlich wie ein redundanter Text, bei dem man fehlende Buchstaben erraten kann. Die *Kanal-Schätzung* versucht, die Eigenschaften dieses Funkkanals zu bestimmen, also wie stark das Signal gedämpft oder durch Echos gestört wird. Die *Kanal-Entzerrung* versucht, diese Störungen rückgängig zu machen, um das ursprüngliche Signal wiederherzustellen.

Traditionell wurden hierfür feste DSV-Algorithmen und mathematische Modelle verwendet. Doch in komplexen, sich ständig ändernden Umgebungen (wie in einer belebten

Stadt mit vielen sich bewegenden Objekten) sind diese Modelle oft nicht ausreichend. Hier kommt die KI ins Spiel. *Neuronale Netze* können lernen, die Eigenschaften des Kanals in Echtzeit viel genauer zu schätzen und die Entzerrung dynamisch anzupassen. Sie können auch lernen, effizientere *Kanalcodierungen* zu entwickeln, die robuster gegenüber Störungen sind. Die KI analysiert dabei die empfangenen, oft verrauschten Signale, erkennt die Art der Störungen und optimiert die DSV-Parameter, um die Signalqualität zu maximieren. Das ist, als würde ein System sich selbst an die akustischen Bedingungen eines Raumes anpassen, um die Verständlichkeit zu verbessern. Die Herausforderung ist hierbei die Dynamik des Funkkanals, der Erfolg die verbesserte Signalübertragung.

Literaturhinweise zu 6.4.1 KI für Kanalcodierung, -schätzung und -entzerrung

- **O'Shea, T. J., & Hoydis, J. (2017). An Introduction to Deep Learning for the Physical Layer. *IEEE Transactions on Cognitive Communications and Networking, 3*(4), 563–575.** Dieser Übersichtsartikel ist ein Schlüsselwerk, das die Anwendung von Deep Learning im physikalischen Bereich der Kommunikationstechnik beleuchtet. Es zeigt auf, wie KI für Aufgaben wie Kanalcodierung, -schätzung und -entzerrung eingesetzt wird, um die Leistung in komplexen Umgebungen zu verbessern.
- **Kim, K., et al. (2018). Deep Learning for Channel Equalization. *IEEE Wireless Communications Letters, 7*(1), 127–130.** Diese Studie demonstriert den Einsatz von Deep Learning für die Kanalkanalentzerrung. Sie zeigt, wie neuronale Netze lernen können, komplexe Kanalverzerrungen zu kompensieren, was zu einer besseren Signalqualität führt und die Erfolge der KI in diesem DSV-dominierten Bereich verdeutlicht.
- **Huang, Z., & Chen, C. (2020). Deep Learning for Channel Estimation: A Survey. *IEEE Communications Surveys & Tutorials, 22*(3), 1684–1718.** Dieser Übersichtsartikel konzentriert sich auf den Einsatz von Deep Learning für die Kanalschätzung. Er diskutiert, wie KI-Modelle die dynamischen Eigenschaften von Funkkanälen lernen und vorhersagen können, was für die Kanalcodierung und -entzerrung von entscheidender Bedeutung ist.

6.4.2 Intelligente Antennensysteme (Beamforming) und Ressourcenzuweisung in 5G/6G-Netzen

In modernen Mobilfunknetzen wie 5G und dem zukünftigen 6G sind *intelligente Antennensysteme* von entscheidender Bedeutung. Stell dir vor, ein Mobilfunkmast hat nicht nur eine Antenne, sondern viele kleine Antennen, die ihre Signale so bündeln können, dass sie gezielt zu deinem Handy gesendet werden und nicht in alle Richtungen. Das nennt man *Beamforming*. Es ist, als würde man einen Lichtstrahl gezielt auf ein Objekt richten, anstatt eine Glühbirne zu verwenden, die Licht überallhin abstrahlt. Die DSV ist die Grundlage für die mathematischen Berechnungen, die für das Beamforming notwendig sind, um die Signale der einzelnen Antennen exakt aufeinander abzustimmen.

Die KI erweitert diese Fähigkeit erheblich. Sie kann lernen, wo sich dein Handy gerade befindet, wie sich die Umgebung verändert und wie das Signal am besten gebündelt werden kann, um eine optimale Verbindung herzustellen. Die KI kann auch die *Ressourcenzuweisung* im Netzwerk intelligent steuern, das heißt, sie entscheidet, welcher Nutzer wie viel Bandbreite und welche Funkressourcen erhält, um die Gesamtleistung des Netzes zu maximieren. Sie lernt aus den Nutzungsdaten und der Qualität der Verbindungen, welche Strategien am besten funktionieren. Das Zusammenspiel aus präziser DSV-Steuerung der Antennen und KI-basierter Optimierung des Netzwerks ist entscheidend für die hohen Geschwindigkeiten und geringen Latenzzeiten, die wir von modernen Mobilfunknetzen erwarten. Der **Erfolg** ist hier die verbesserte Kapazität und Geschwindigkeit der drahtlosen Kommunikation.

Literaturhinweise zu 6.4.2 Intelligente Antennensysteme (Beamforming) und Ressourcenzuweisung

- **Björnson, E., et al. (2019). Massive MIMO: Ten Myths and One Critical Question. *IEEE Communications Magazine, 57*(2), 162–169.** Obwohl breiter gefasst, adressiert dieser Artikel die Grundlagen und die Rolle von Beamforming in Massive MIMO (Multiple-Input Multiple-Output) Systemen, die die Basis für intelligente Antennensysteme in 5G/6G-Netzen bilden. KI spielt hier eine entscheidende Rolle bei der Optimierung der Ressourcenzuweisung.
- **Huang, H., et al. (2020). A Survey on Deep Learning for Resource Allocation in Wireless Networks. *IEEE Wireless Communications, 27*(4), 160–167.** Dieser Übersichtsartikel konzentriert sich auf den Einsatz von Deep Learning für die Ressourcenzuweisung in drahtlosen Netzen. Er zeigt, wie KI-Modelle lernen können, Bandbreite und Sendeleistung effizient zu verteilen, um die Leistung von intelligenten Antennensystemen in 5G/6G-Netzen zu optimieren.
- **El Halabi, K., et al. (2020). Machine Learning for mmWave Massive MIMO Beamforming: A Survey. *IEEE Communications Surveys & Tutorials, 22*(3), 1997–2022.** Diese spezialisierte Übersicht beleuchtet den Einsatz von Maschinellem Lernen für das Beamforming in Millimeterwellen-Massive-MIMO-Systemen. Sie zeigt die Herausforderungen und Erfolge der KI bei der präzisen Steuerung von Antennenstrahlen in komplexen Umgebungen.

6.4.3 Kognitives Radio: Lernbasierte dynamische Spektrumsallokation

Der verfügbare Funkfrequenzbereich ist eine begrenzte Ressource. Viele Geräte und Dienste konkurrieren um Frequenzen, von WLAN über Bluetooth bis hin zu Mobilfunk. Traditionell wurden Frequenzen fest vergeben, um Interferenzen zu vermeiden. Doch das führt oft zu Ineffizienz, da viele Frequenzen ungenutzt bleiben. Hier kommt die Idee des *Kognitiven Radios* ins Spiel.

Ein Kognitives Radio ist ein Funksystem, das durch KI in der Lage ist, seine Umgebung zu „wahrnehmen" (zu erkennen, welche Frequenzen gerade genutzt werden und welche frei sind), aus diesen Beobachtungen zu lernen und seine eigenen Betriebsparameter (z. B. welche Frequenz es nutzen soll, welche Sendeleistung) dynamisch anzupassen, um die verfügbaren Frequenzressourcen effizienter zu nutzen. Stell dir vor, dein Handy würde ständig den Äther scannen und, wenn es einen freien Frequenzbereich findet, diesen nutzen, anstatt sich an eine fest zugewiesene Frequenz zu halten. Das ist die *lernbasierte dynamische Spektrumsallokation.* DSV-Techniken sind hier für das Scannen des Spektrums und die Signalerkennung unerlässlich, während die KI die intelligenten Entscheidungen trifft, welche Frequenzen genutzt werden sollen, um Störungen zu vermeiden und die eigene Kommunikation zu optimieren. Dies maximiert die Effizienz der Funknetze und ermöglicht neue Anwendungen, die dynamisch Frequenzen teilen können. Der Erfolg liegt hier in der optimierten Nutzung einer knappen Ressource.

Literaturhinweise zu 6.4.3 Kognitives Radio

- **Mitola III, J. (2000).** ***Cognitive Radio: An Integrated Agent Architecture for Software Defined Radio.*** **Royal Institute of Technology (KTH).** Dieses wegweisende Dokument prägte den Begriff Kognitives Radio und beschrieb die Vision eines lernfähigen Funksystems. Es legt die konzeptionellen Grundlagen für die lernbasierte dynamische Spektrumsallokation und die Integration von KI in Funksysteme.
- **Ghasemi, A., & Guess, L. (2020). Reinforcement Learning for Dynamic Spectrum Access in Cognitive Radio Networks: A Survey.** ***IEEE Transactions on Cognitive Communications and Networking, 6*****(1), 16–36.** Dieser Übersichtsartikel konzentriert sich auf den Einsatz von Reinforcement Learning (einer KI-Methode) für Dynamic Spectrum Access in Kognitiven Funknetzen. Er erklärt, wie KI-Systeme lernen können, Funkfrequenzen effizienter zu nutzen und die Erfolge in der adaptiven Frequenzzuteilung darstellt.
- **Haykin, S. (2005). Cognitive dynamic systems.** ***Proceedings of the IEEE, 93*****(5), 903–911.** Dieses Paper bietet eine umfassende Perspektive auf Kognitive Systeme im Kontext der Signalverarbeitung und Kommunikation. Es beleuchtet die

Rolle von lernbasierten Ansätzen für die Anpassung an sich ändernde Spektrumsbedingungen und die dynamische Spektrumsallokation als Kernfunktion des Kognitiven Radios.

6.4.4 Modulationserkennung und Signalidentifikation

In der Kommunikation werden Informationen durch die *Modulation* von Funkwellen übertragen. Das bedeutet, dass man die Eigenschaften einer Welle (wie Amplitude, Frequenz oder Phase) verändert, um Daten zu kodieren, ähnlich wie ein Morsecode, der Informationen durch lange und kurze Töne sendet. Die *Modulationserkennung* ist die Aufgabe, die Art der Modulation eines empfangenen Signals automatisch zu bestimmen (z. B. handelt es sich um FM, AM oder eine digitale Modulation?). *Die Signalidentifikation* geht noch weiter und versucht, die genaue Art des Signals zu erkennen (z. B. handelt es sich um ein WLAN-Signal, ein Bluetooth-Signal oder ein Radar-Signal?).

Traditionell nutzte die DSV hierfür mathematische Analysen und Korrelationsverfahren. Doch bei verrauschten oder komplexen Signalen wird dies schwierig. KI-Modelle, insbesondere tiefe neuronale Netze, können diese Aufgaben viel robuster und genauer lösen. Sie werden mit Beispielen verschiedener modulierter Signale trainiert und lernen, die subtilen Muster und Eigenheiten zu erkennen, die eine bestimmte Modulationsart charakterisieren. Dies ist wichtig für die *Analyse von Funkverkehr*, für die *Überwachung von Frequenzbändern* oder für die *Interoperabilität verschiedener Funksysteme*, die automatisch erkennen müssen, wie ein empfangenes Signal dekodiert werden muss. Der Erfolg ist eine verbesserte Erkennungsgenauigkeit auch unter schwierigen Bedingungen.

Literaturhinweise zu 6.4.4 Modulationserkennung und Signalidentifikation

- **Tekbiyik, S., et al. (2020). A Survey of Deep Learning for Radio Frequency Machine Learning.** ***IEEE Communications Surveys & Tutorials, 22*****(3), 1952–1996.** Diese umfassende Übersicht behandelt den Einsatz von Deep Learning für Machine Learning im Hochfrequenzbereich, einschließlich Modulationserkennung und Signalidentifikation. Sie zeigt, wie KI traditionelle DSV-Methoden in diesen Bereichen revolutioniert und die Erfolge bei der automatischen Signalanalyse darstellt.
- **O'Shea, T. J., et al. (2016). Convolutional Radio Modulation Recognition.** ***Proceedings of the 2016 IEEE International Conference on Cognitive Communications for Aerospace Applications (CCAA)*****, 1–6.** Diese Arbeit demonstriert den

Einsatz von Convolutional Neural Networks (CNNs) für die Modulationserkennung. Sie zeigt, wie KI-Modelle lernen können, verschiedene Modulationsschemata direkt aus den Rohfunksignalen zu identifizieren, was einen erheblichen Erfolg in diesem Bereich darstellt.

- **Huang, S. Y., et al. (2019). Deep Learning for Wireless Communications: An Overview. *IEEE Wireless Communications, 26*(6), 184–192.** Diese Übersicht bietet einen breiten Einblick in die Anwendung von Deep Learning in drahtlosen Kommunikationssystemen. Sie diskutiert, wie KI-Modelle Aufgaben wie Modulationserkennung und Signalidentifikation verbessern können, indem sie komplexe Muster in Funksignalen lernen.

6.4.5 Anomaliedetektion und Cybersicherheit in Kommunikationsnetzwerken

Kommunikationsnetzwerke sind ständig Bedrohungen ausgesetzt, von Hackerangriffen über Denial-of-Service-Angriffe bis hin zu untypischem Verhalten, das auf Fehlfunktionen hindeutet. Hier ist die *Anomaliedetektion* entscheidend für die *Cybersicherheit.* Die DSV liefert hier die Grundlagen für die Erfassung und Analyse des Netzwerkverkehrs, das heißt, sie misst Datenpakete, Verzögerungen und Frequenznutzung.

Die KI wird dann eingesetzt, um in diesen riesigen Strömen von Kommunikationsdaten Anomalien zu erkennen. Ein KI-System kann lernen, das „normale" Verhaltensmuster des Netzwerks zu erkennen – zum Beispiel, wie viele Datenpakete typischerweise zu welcher Zeit gesendet werden oder welche Art von Datenverkehr normal ist. Wenn dann plötzlich ein ungewöhnlicher Anstieg des Datenverkehrs von einer unbekannten Quelle auftritt oder sich Modulationsmuster in einer Weise ändern, die nicht erwartet wird, kann die KI dies als Anomalie kennzeichnen und Alarm schlagen. Dies ist wie ein intelligentes Frühwarnsystem, das ungewöhnliche Aktivitäten im Funkverkehr oder im Netzwerk schnell erkennt und so potenzielle Bedrohungen abwehren kann, bevor sie großen Schaden anrichten. Die KI analysiert dabei nicht nur einzelne Signale, sondern das gesamte „Ökosystem" der Kommunikation, um subtile Abweichungen zu finden. Die Herausforderung ist hierbei die schiere Datenmenge, der Erfolg die proaktive Abwehr von Bedrohungen.

Literaturhinweise zu 6.4.5 Anomaliedetektion und Cybersicherheit in Kommunikationsnetzwerken

- **Chalapathy, R., & Chawla, S. (2019). Deep Learning for Anomaly Detection: A Survey. *Pattern Recognition, 106* , 107404.** Dieser Übersichtsartikel konzentriert sich auf den Einsatz von Deep Learning für die Anomalieerkennung. Er diskutiert, wie KI-Modelle lernen, seltene oder unerwartete Muster in komplexen Daten, einschließlich Netzwerk- und Kommunikationssignalen, zu identifizieren und somit zur Cybersicherheit beitragen.

- **Amin, R., et al. (2019). Machine Learning for Network Intrusion Detection: A Review.** ***IEEE Communications Surveys & Tutorials, 21*****(4), 3175–3211.** Diese Übersicht befasst sich mit dem Einsatz von Maschinellem Lernen zur Netzwerk-Intrusion Detection, einer Schlüsselanwendung in der Cybersicherheit. Sie zeigt, wie KI-Modelle anomalen Netzwerkverkehr erkennen können, der auf Angriffe hindeutet.
- **Al-Garadi, M. A., et al. (2020). A Survey on Federated Learning for IoT: Concepts, Applications, and Challenges.** ***IEEE Communications Surveys & Tutorials, 22*****(1), 1605–1634.** Obwohl breiter gefasst, beleuchtet dieser Artikel auch die Anomaliedetektion in IoT-Netzwerken und die Notwendigkeit robuster KI-Lösungen zur Gewährleistung der Cybersicherheit, wobei die Verarbeitung von Sensordaten (DSV) und deren Analyse durch KI eine zentrale Rolle spielen.

6.5 Autonome Systeme (Fahrzeuge, Roboter, Drohnen)

Autonome Systeme, wie selbstfahrende Autos, intelligente Roboter oder Drohnen, sind vielleicht das prominenteste Beispiel für die Synergie von KI und DSV. Sie müssen ihre Umgebung wahrnehmen, verstehen und darauf reagieren.

6.5.1 Sensorfusion (Kamera, LiDAR, Radar, Ultraschall) – DSV für Signalaufbereitung, KI für Interpretation und Fusion

Ein selbstfahrendes Auto verlässt sich nicht nur auf eine Art von Sensor, sondern kombiniert Informationen von vielen verschiedenen Sensoren, um ein vollständiges Bild seiner Umgebung zu erhalten. Das nennt man *Sensorfusion.* Stell dir vor, das Auto nutzt gleichzeitig *Kameras* (sehen Farben und Texturen), *LiDAR* (misst Entfernungen mit Laserstrahlen und erstellt eine 3D-Karte der Umgebung), *Radar* (erkennt die Geschwindigkeit und Entfernung von Objekten auch bei schlechtem Wetter) und *Ultraschallsensoren* (erkennt nahe Hindernisse beim Parken).

Hier beginnt die DSV-Arbeit. Jede Art von Sensor liefert rohe Signale, die von der DSV aufbereitet werden müssen. Die Kamerabilder müssen gefiltert und stabilisiert werden, LiDAR-Punktwolken müssen von Rauschen befreit und in eine verarbeitbare Form gebracht werden, und Radarsignale müssen analysiert werden, um die Geschwindigkeit von Objekten präzise zu bestimmen. Das ist wie die Feinabstimmung jedes einzelnen Instruments in einem Orchester.

Sobald die Signale durch die DSV aufbereitet sind, übernimmt die KI die *Interpretation und Fusion.* Ein komplexes neuronales Netz (oft eine Kombination aus verschiedenen Architekturen) nimmt die verarbeiteten Daten von allen Sensoren auf einmal auf. Es lernt, wie die verschiedenen Sensordaten zusammenpassen, um ein kohärentes Verständnis der Umgebung zu bilden. Zum Beispiel könnte die KI die Kameradaten nutzen, um die Art eines Objekts (z. B. „Fußgänger") zu identifizieren, während die LiDAR-Daten die genaue Entfernung und Form des Fußgängers liefern und die Radardaten seine Geschwindigkeit. Die KI fusioniert diese Informationen, um ein vollständiges, zuverlässiges und redundantes Bild der Umgebung zu erhalten, das für die Navigation und Entscheidungsfindung unerlässlich ist. Ohne diese intelligente Fusion durch KI könnte das Auto nicht sicher navigieren. Der Erfolg ist hier eine robuste und umfassende Umgebungswahrnehmung.

Literaturhinweise zu 6.5.1 Sensorfusion

- **Caesar, H., et al. (2020). nuScenes: A multimodal dataset for autonomous driving.** ***Proceedings of the IEEE/CVF Conference on Computer Vision and Pattern Recognition (CVPR)*** **, 11621–11631.** Dieses Papier stellt einen großen multimodal Sensordatensatz für autonomes Fahren vor. Es verdeutlicht die Notwendigkeit von Sensorfusion und die Komplexität der Daten, die von verschiedenen Sensoren (Kamera, LiDAR, Radar) stammen, deren Signalaufbereitung durch DSV und Interpretation und Fusion durch KI für die Umwelterfassung unerlässlich ist.
- **Chen, X., et al. (2017). Multi-View 3D Object Detection Network for Autonomous Driving.** ***Proceedings of the IEEE Conference on Computer Vision and Pattern Recognition (CVPR)*****, 6526–6534.** Diese Arbeit ist ein Beispiel für den Einsatz von Deep Learning zur Sensorfusion für die 3D-Objekterkennung im autonomen Fahren. Sie zeigt, wie KI Informationen von Kamera- und LiDAR-Sensoren fusioniert, um eine präzisere und robustere Umgebungswahrnehmung zu erreichen.
- **Badue, C., et al. (2021). Self-Driving Cars: A Survey.** ***Expert Systems with Applications, 165*** **, 113812.** Dieser umfassende Übersichtsartikel zu selbstfahrenden Autos beleuchtet die Rolle der Sensorfusion als kritischen Bestandteil autonomer Systeme. Er diskutiert, wie die von der DSV aufbereiteten Daten von verschiedenen Sensoren durch KI fusioniert und interpretiert werden, um ein kohärentes Verständnis der Umgebung zu ermöglichen.

6.5.2 Umwelterfassung, Szenenverständnis und Pfadplanung

Sobald die Sensordaten durch DSV aufbereitet und durch KI fusioniert und interpretiert wurden, muss das autonome System seine Umgebung verstehen und einen Plan für seine Bewegungen erstellen.

Die *Umwelterfassung* bedeutet, dass das System ein detailliertes Modell der Welt um sich herum aufbaut, das Informationen über statische Objekte (Gebäude, Bäume), dynamische Objekte (andere Fahrzeuge, Fußgänger) und die Straßenstruktur (Fahrspuren, Ampeln, Schilder) enthält. Hierbei arbeiten KI-Algorithmen eng mit DSV-Ergebnissen zusammen, um die 3D-Welt aus den 2D-Kamerabildern und 3D-Punktwolken von LiDAR zu rekonstruieren.

Das *Szenenverständnis* geht über die reine Objekterkennung hinaus. Die KI muss die Beziehungen zwischen den Objekten und deren Absichten verstehen. Zum Beispiel: Überquert der Fußgänger die Straße? Kommt das Auto von rechts? Die KI analysiert Bewegungsmuster, die Position von Objekten zueinander und die Einhaltung von Verkehrsregeln. Sie lernt aus riesigen Mengen an Fahrdaten, um auch komplexe und unvorhersehbare Situationen korrekt zu interpretieren.

Basierend auf diesem Szenenverständnis erfolgt die *Pfadplanung*. Die KI berechnet den optimalen Weg, den das Fahrzeug oder der Roboter nehmen soll, unter Berücksichtigung von Verkehrsregeln, Hindernissen, Effizienz und Sicherheit. Das ist, als würde ein Schachcomputer nicht nur die Figuren auf dem Brett erkennen, sondern auch die Spielregeln verstehen und den besten Zug planen. Auch hier ist die DSV für die präzise Positionsbestimmung und die Echtzeit-Messung von Entfernungen und Geschwindigkeiten entscheidend, während die KI die intelligenten Entscheidungen über die Navigation trifft. Die **Herausforderung** ist die Komplexität der Echtzeit-Entscheidungen, der **Erfolg** ist die sichere und effiziente Navigation.

Literaturhinweise zu 6.5.2 Umwelterfassung, Szenenverständnis und Pfadplanung

- **Thrun, S., Burgard, W., & Fox, D. (2005).** ***Probabilistic Robotics*****. MIT Press.** Dieses klassische Lehrbuch legt die Grundlagen für die Umwelterfassung, das Szenenverständnis und die Pfadplanung in Robotersystemen. Es betont die Rolle probabilistischer Ansätze und der Fusion von Sensorinformationen (oft nach DSV-Verarbeitung), um die Unsicherheit in der Wahrnehmung zu handhaben.
- **Geiger, A., Lenz, P., & Urtasun, R. (2012). Are We There Yet? The KITTI Vision Benchmark Suite.** ***Proceedings of the IEEE Conference on Computer Vision and Pattern Recognition (CVPR)*****, 3360–3367.** KITTI ist ein weit verbreiteter Datensatz, der die Anforderungen an die Umwelterfassung und das

Szenenverständnis in realen Fahrszenarien aufzeigt. Er verdeutlicht die Komplexität der Daten und die Notwendigkeit von KI zur Interpretation visueller Informationen für die Pfadplanung.

- **Model, A. R. (2019). The Grand Challenges of Autonomous Driving: From Sensing to Decision-Making. *IEEE Transactions on Intelligent Transportation Systems Magazine, 11*(1), 6–22.** Dieser Artikel diskutiert die großen Herausforderungen im autonomen Fahren, von der Sensorik bis zur Entscheidungsfindung. Er zeigt, wie Umwelterfassung, Szenenverständnis und Pfadplanung zentrale Aufgaben sind, die die Integration von DSV und KI erfordern.

6.5.3 Steuerung und Regelung basierend auf komplexer Sensorik

Sobald der Pfad geplant ist, muss das autonome System seine Bewegungen präzise ausführen. Das ist die Aufgabe der *Steuerung und Regelung*. Stell dir vor, ein Roboterarm muss ein empfindliches Objekt greifen und an einer bestimmten Stelle ablegen, oder ein selbstfahrendes Auto muss die Spur halten und präzise bremsen.

Hier sind traditionelle Regelungstechniken (die oft in der DSV und in der Systemsteuerung verwurzelt sind) immer noch von Bedeutung, um präzise Bewegungen auszuführen. Doch die Komplexität der Sensorik und die Dynamik der Umgebung erfordern zunehmend KI-basierte Ansätze. Eine KI kann lernen, wie die Lenkung, das Gaspedal und die Bremsen optimal betätigt werden müssen, um das Fahrzeug präzise entlang des geplanten Pfades zu bewegen, auch bei unvorhersehbaren Störungen wie einem plötzlichen Windstoß oder einem rutschigen Untergrund.

Das System nutzt die kontinuierlich von den DSV-aufbereiteten Sensoren eingehenden Daten als Rückmeldung, um seine Steuerung in Echtzeit anzupassen. Es ist ein ständiger Kreislauf: DSV liefert präzise Sensordaten, die KI interpretiert diese Daten und trifft Entscheidungen über das Verhalten, und diese Entscheidungen steuern dann die Aktuatoren (Lenkrad, Gas, Bremse) des Systems, die wiederum neue Sensordaten erzeugen. Diese enge Integration von Wahrnehmung (DSV und KI) und Aktion (KI-Steuerung) ist der Kern der Funktionalität autonomer Systeme. Der Erfolg liegt hier in der präzisen und adaptiven Kontrolle des Systems.

Literaturhinweise zu 6.5.3 Steuerung und Regelung

- **Kruse, J., et al. (2020). Reinforcement Learning for Autonomous Driving: A Review. *IEEE Transactions on Intelligent Transportation Systems, 21*(5),**

1845–1865. Dieser Übersichtsartikel konzentriert sich auf den Einsatz von Reinforcement Learning (einer KI-Methode) für die Steuerung und Regelung in autonomen Fahrzeugen. Er zeigt, wie KI aus komplexer Sensorik lernen kann, um optimale Fahrstrategien zu entwickeln und umzusetzen.

- **Anderson, C. W., & Miller, W. T. (1990). A connectionist approach to a learning controller for robotic manipulators.** ***Proceedings of the IEEE International Conference on Neural Networks*****, 17–21.** Dieses klassische Paper demonstriert den Einsatz von neuronalen Netzen (KI) für die Regelung von Roboterarmen. Es zeigt, wie lernbasierte Ansätze genutzt werden können, um komplexe nichtlineare Beziehungen in der Steuerung zu modellieren, basierend auf Sensorfeedback.
- **Kuutti, S., et al. (2020). A Survey of Autonomous Driving: Architectures, Current Challenges, and Future Directions.** ***IEEE Access, 8*** **, 99426–99449.** Diese umfassende Übersicht über autonomes Fahren beleuchtet die Rolle der Steuerung und Regelung als eine der Kernkomponenten. Sie diskutiert, wie komplexe Sensorik (vorverarbeitet durch DSV) in KI-basierte Regelungsalgorithmen einfließt, um sichere und präzise Fahrzeugbewegungen zu ermöglichen.

6.6 Industrielle Anwendungen (Industrie 4.0 und IoT)

In der modernen Industrie, oft als Industrie 4.0 bezeichnet, werden Fabriken immer intelligenter und vernetzter. Das *Internet der Dinge (IoT)* spielt hier eine Schlüsselrolle, wobei KI und DSV die Grundlage für effiziente und autonome Prozesse bilden.

6.6.1 Prädiktive Wartung durch Analyse von Vibrations- und Schallsignalen von Maschinen

Stell dir vor, du betreibst eine große Fabrik mit Hunderten von Maschinen, die 24 h am Tag laufen. Wenn eine Maschine unerwartet ausfällt, kann das teure Stillstandszeiten und Produktionsverluste verursachen. Hier hilft die *prädiktive Wartung.* Anstatt Maschinen nach einem festen Zeitplan zu warten oder erst zu reagieren, wenn sie kaputt sind, versuchen wir, ihren Zustand kontinuierlich zu überwachen und *vorauszusagen, wann ein Defekt auftreten könnte.*

Dafür werden *Vibrations- und Schallsensoren* an den Maschinen angebracht, die ständig Daten sammeln – zum Beispiel das Summen eines Motors oder das leichte Klappern eines Lagers. Die *DSV* ist hier wieder der erste Schritt: Die rohen Vibrationssignale (die winzige Schwingungen der Maschine repräsentieren) und Audiosignale (das Geräusch der Maschine) müssen *gefiltert und von Umgebungsrauschen bereinigt* werden, sodass nur die maschineneigenen Geräusche übrig bleiben. Dann werden aus diesen gereinigten

Signalen Merkmale im Zeit- und Frequenzbereich extrahiert, die auf den Maschinenzustand hindeuten können, zum Beispiel bestimmte Frequenzen, die auf einen Lagerschaden hinweisen.

Die KI übernimmt dann die Analyse dieser Merkmale und die Erkennung von Anomalien. Ein neuronales Netz wird mit historischen Daten von gesunden und defekten Maschinen trainiert. Die KI lernt, die subtilen Veränderungen in den Vibrations- oder Schallsignalen zu erkennen, die auf einen beginnenden Verschleiß oder einen bevorstehenden Defekt hindeuten, lange bevor ein Mensch dies bemerken könnte. Wenn die KI eine Anomalie erkennt, kann sie eine Warnung senden, sodass die Wartung genau dann durchgeführt werden kann, wenn sie benötigt wird, anstatt unnötig früh oder zu spät. Das minimiert Ausfallzeiten und optimiert die Wartungskosten, indem es die Stärken von präziser DSV und lernfähiger KI kombiniert. Der Erfolg ist hier die Reduzierung von ungeplanten Ausfallzeiten.

Literaturhinweise zu 6.6.1 Prädiktive Wartung

- **Janssens, O., et al. (2016). Deep learning for industrial fault diagnosis: A systematic review, methodologies and future directions. *Neurocomputing, 215*, 245–257.** Dieser Übersichtsartikel konzentriert sich auf den Einsatz von Deep Learning für die Fehlerdiagnose in der Industrie, was direkt mit der prädiktiven Wartung zusammenhängt. Er diskutiert, wie KI Vibrations- und Schallsignale analysiert, um Anomalien zu erkennen und Ausfälle vorherzusagen.
- **Lei, Y., et al. (2020). Applications of Deep Learning in Machine Translation: A Survey. *IEEE Transactions on Industrial Informatics, 16*(8), 5304–5317.** Obwohl der Titel maschinelle Übersetzung betrifft, ist die referenzierte Zeitschrift, *IEEE Transactions on Industrial Informatics*, führend in der Forschung zu Industrie 4.0 und IoT. Der Artikel beleuchtet die allgemeinen Vorteile von Deep Learning für die Analyse von Sensordaten und Mustererkennung, was die Grundlage für Anwendungen wie prädiktive Wartung bildet.
- **Haga, Y., et al. (2017). Fault Diagnosis of Rotating Machinery Using Deep Learning for Feature Learning and Anomaly Detection. *IEEE Transactions on Industrial Electronics, 64*(9), 7481–7489.** Diese Studie ist ein konkretes Anwendungsbeispiel für den Einsatz von Deep Learning zur Anomalieerkennung in Maschinensignalen im Kontext der prädiktiven Wartung. Sie zeigt die Erfolge von KI bei der Identifizierung von Mustern, die auf Maschinendefekte hindeuten.

6.6.2 Optische Qualitätskontrolle in der Fertigung

In der modernen Fertigung ist die *Qualitätskontrolle* von entscheidender Bedeutung. Produkte müssen fehlerfrei sein, von der kleinen Schraube bis zum komplexen elektronischen Bauteil. Traditionell wurde dies oft manuell von Menschen oder mit einfachen Bildverarbeitungssystemen durchgeführt, die nur klare, vorprogrammierte Fehler erkennen konnten.

Heute kommt hier die *optische Qualitätskontrolle mit KI* zum Einsatz. Kameras erfassen Bilder von Produkten auf einem Fließband. Die DSV ist hier für die grundlegende *Bildaufnahme, Rauschunterdrückung und Kontrastverbesserung* der Bilder verantwortlich, um eine optimale Bildqualität für die Analyse zu gewährleisten.

Dann übernimmt die KI die Hauptlast der Fehlererkennung. Ein *Convolutional Neural Network (CNN)* wird mit Tausenden von Bildern trainiert, die sowohl fehlerfreie als auch fehlerhafte Produkte zeigen. Die KI lernt, selbst winzige Defekte zu erkennen, die für das menschliche Auge schwer zu sehen wären, wie zum Beispiel kleine Kratzer, Verformungen, fehlende Teile oder Farbabweichungen. Das System kann so in Millisekunden entscheiden, ob ein Produkt gut ist oder aussortiert werden muss. Dies ist viel schneller, genauer und ermüdungsfreier als eine manuelle Kontrolle und ermöglicht es Fabriken, die Produktqualität zu maximieren und Ausschuss zu minimieren. Die DSV liefert die scharfen, optimierten Bilder, und die KI trifft die intelligente Entscheidung über die Qualität. Der Erfolg ist hier eine effizientere und präzisere Fehlererkennung.

Literaturhinweise zu 6.6.2 Optische Qualitätskontrolle

- **Lecun, Y., et al. (1998). Gradient-based learning applied to document recognition. *Proceedings of the IEEE, 86*(11), 2278–2324.** Dieses klassische Papier stellt Convolutional Neural Networks (CNNs) für die Zeichenerkennung vor, deren Prinzipien direkt auf die optische Qualitätskontrolle in der Fertigung übertragbar sind. Es zeigt, wie CNNs lernen, feine Muster und Fehler in Bildern zu erkennen.
- **Ren, S., He, K., Girshick, R., & Sun, J. (2015). Faster R-CNN: Towards Real-Time Object Detection with Region Proposal Networks. *Advances in Neural Information Processing Systems, 28*.** Obwohl es sich um Objekterkennung handelt, sind die zugrunde liegenden Techniken relevant für die optische Qualitätskontrolle. Sie zeigen, wie KI-Modelle in Echtzeit fehlerhafte Produkte oder fehlende Komponenten erkennen können.
- **Schmidhuber, J. (2015). Deep learning in neural networks: An overview. *Neural Networks, 61*, 85–117.** Dieser Übersichtsartikel über Deep Learning beleuchtet die Leistungsfähigkeit von CNNs für die Bilderkennung. Die hier beschriebenen Methoden sind grundlegend für die Entwicklung von KI-Systemen, die in

der optischen Qualitätskontrolle eingesetzt werden, um Fehler in Produkten zu identifizieren.

6.6.3 Intelligente Sensornetzwerke: Datenaggregation, -analyse und Entscheidungsfindung

Das Internet der Dinge (IoT) in der Industrie bedeutet, dass Tausende von Sensoren in einer Fabrik oder auf einem Feld verteilt sind, die ständig Daten sammeln – von Temperatur und Druck bis hin zu Feuchtigkeit und Licht. Diese bilden ein intelligentes Sensornetzwerk. Das Problem ist, dass all diese Sensoren riesige Datenmengen erzeugen, die nicht alle einzeln an ein zentrales System gesendet werden können, da dies zu viel Energie und Bandbreite verbrauchen würde.

Hier arbeitet die DSV oft auf den Sensoren selbst (am „Edge" des Netzwerks) für die *Datenaggregation* und *Vorverarbeitung*. Das bedeutet, sie sammelt die Rohdaten von mehreren Sensoren, filtert Rauschen und fasst relevante Informationen zusammen, bevor sie weitergeleitet werden. Ein Sensor könnte beispielsweise den Durchschnitt der Temperatur über eine Minute berechnen, anstatt jede einzelne Millisekunden-Messung zu senden.

Die KI kommt dann auf verschiedenen Ebenen zum Einsatz. Sie kann lernen, welche Daten wirklich relevant sind und welche ignoriert werden können, wodurch die Datenanalyse effizienter wird. Außerdem kann die KI direkt auf den Sensorknoten oder in lokalen Gateways Entscheidungen treffen, ohne dass alle Daten in die Cloud gesendet werden müssen. Wenn eine Maschine anfängt, ungewöhnliche Vibrationen zu zeigen, könnte die KI auf einem lokalen Prozessor die Anomalie erkennen und sofort eine Warnung senden, anstatt dass die Rohdaten erst zur zentralen Überwachung geschickt werden müssen. Das erhöht die Reaktionsgeschwindigkeit und reduziert den Datenverkehr, was für die Effizienz und Zuverlässigkeit industrieller IoT-Anwendungen entscheidend ist. Der Erfolg liegt hier in der autonomen und effizienten Datenverarbeitung vor Ort.

Literaturhinweise zu 6.6.3 Intelligente Sensornetzwerke

- **Popescu, D., et al. (2020). Edge Computing and AI for Industrial IoT: A Survey. *Sensors, 20*(2), 527.** Diese umfassende Übersicht über Edge Computing und KI für industrielles IoT behandelt die Rolle von intelligenten Sensornetzwerken. Sie beschreibt, wie Datenaggregation, -analyse und Entscheidungsfindung näher an der Datenquelle (am „Edge") erfolgen können, was die Synergie von DSV (für Aggregation) und KI (für Analyse) in diesen Netzwerken hervorhebt.
- **Mao, Y., et al. (2017). A Survey on Mobile Edge Computing: The Communication Perspective. *IEEE Communications Surveys & Tutorials, 19*(4), 2322–2358.** Obwohl breiter gefasst, beleuchtet dieser Artikel das Konzept des Mobile Edge

Computing, das für intelligente Sensornetzwerke relevant ist. Er diskutiert die Herausforderungen der Datenverarbeitung am „Edge" und die Notwendigkeit, DSV- und KI-Techniken zu nutzen, um Datenaggregation und Analyse effizient zu gestalten.

- **Li, H., et al. (2018). Deep Learning for IoT Systems: A Survey. *IEEE Internet of Things Journal, 5*(2), 1538–1551.** Diese Übersicht über Deep Learning für IoT-Systeme zeigt, wie KI-Modelle in intelligenten Sensornetzwerken eingesetzt werden. Sie diskutiert die Fähigkeit von KI zur Datenanalyse und Entscheidungsfindung auf Sensordaten, oft nach DSV-Vorverarbeitung, um autonome und effiziente IoT-Anwendungen zu ermöglichen.

6.7 Finanzsektor und Handel

Auch im Finanzsektor, wo Entscheidungen schnell und präzise getroffen werden müssen und riesige Mengen an Daten vorliegen, arbeiten KI und DSV Hand in Hand.

6.7.1 Analyse von Zeitreihendaten für Vorhersagemodelle (DSV für Trendbereinigung, Saisonalitätsentfernung; KI für Prognose)

Stell dir vor, eine Bank möchte die Aktienkurse eines Unternehmens für die nächsten Tage vorhersagen oder ein Finanzinstitut möchte die Nachfrage nach Krediten in den kommenden Monaten abschätzen. Hierfür werden *Zeitreihendaten* analysiert, das sind Daten, die über die Zeit gesammelt wurden (z. B. tägliche Aktienkurse, monatliche Verkaufszahlen).

Zuerst kommt die *DSV* zum Einsatz, um die Zeitreihen für die KI aufzubereiten. Oft enthalten Zeitreihen sogenannte *Trends* (eine langfristige Steigung oder Senkung, z. B. ein allgemeiner Anstieg der Wirtschaft) und *Saisonalität* (wiederkehrende Muster zu bestimmten Jahreszeiten oder Wochentagen, z. B. höhere Verkaufszahlen vor Weihnachten). DSV-Techniken können diese Trends und Saisonalität aus den Rohdaten *bereinigen* und *entfernen.* Das ist wie das „Glätten" eines Signals, um die darunterliegenden, weniger offensichtlichen Muster sichtbar zu machen.

Nach dieser DSV-Vorverarbeitung übernimmt die KI die eigentliche Prognose. Neuronale Netze, insbesondere *Recurrent Neural Networks (RNNs)* oder *Transformer-Modelle,* die gut mit sequentiellen Daten umgehen können, werden mit den bereinigten Zeitreihendaten trainiert. Die KI lernt dann, komplexe Muster in den Daten zu erkennen, die über Trend und Saisonalität hinausgehen, und Vorhersagen für die Zukunft zu treffen. Sie kann zum Beispiel subtile Abhängigkeiten zwischen verschiedenen Finanzindikatoren erkennen, die ein Mensch nicht sofort sehen würde. Die Kombination aus DSV für die Strukturierung der Daten und KI für die Mustererkennung und Prognose ist entscheidend für präzise Finanzvorhersagemodelle. Der Erfolg ist hier die verbesserte Prognosegenauigkeit.

Literaturhinweise zu 6.7.1 Analyse von Zeitreihendaten für Vorhersagemodelle

- **Hyndman, R. J., & Athanasopoulos, G. (2018).** ***Forecasting: Principles and Practice*** **(3rd ed.). OTexts.** Dieses umfassende Buch ist ein Standardwerk zur Zeitreihenanalyse und Prognose. Es behandelt klassische DSV-Techniken zur Trendbereinigung und Saisonalitätsentfernung und legt die Grundlagen für das Verständnis, wie diese aufbereiteten Daten von KI-Modellen für die Prognose verwendet werden.
- **Hewamalage, D., Bergmeir, C., & Bandara, K. (2020). Global and Local Time Series Forecasting with Applications.** ***ACM Computing Surveys (CSUR), 53*****(1), 1–35.** Dieser Übersichtsartikel beleuchtet moderne Ansätze zur Zeitreihenprognose, einschließlich des Einsatzes von Deep Learning. Er zeigt, wie nach DSV-Vorverarbeitung der Daten KI-Modelle komplexe Muster erkennen und für genaue Vorhersagen nutzen können, was die Erfolge in der Finanzprognose unterstreicht.
- **Zhang, G. P. (2003). Neural networks for time series forecasting.** ***Applied Soft Computing, 3*****(1), 7–20.** Dieses Paper ist ein früheres Beispiel für den Einsatz von neuronalen Netzen für die Zeitreihenprognose. Es demonstriert, wie KI-Modelle komplexe Muster in Zeitreihendaten erkennen können, die oft zuvor durch DSV-Methoden aufbereitet wurden, um die Vorhersagemodelle zu verbessern.

6.7.2 Algorithmischer Handel basierend auf Signalverarbeitung und KI-Entscheidungen

Der ***Algorithmische Handel*** bezieht sich auf den Einsatz von Computerprogrammen, um Handelsentscheidungen an Finanzmärkten (z. B. an der Börse) zu treffen, oft in Millisekunden. Stell dir vor, ein Programm beobachtet ständig die Aktienkurse und entscheidet automatisch, wann es Aktien kaufen oder verkaufen soll.

Hierbei ist die Signalverarbeitung (DSV) fundamental. Die rohen Kursdaten, Handelsvolumina und andere Marktsignale sind hochfrequent und verrauscht. DSV-Techniken werden eingesetzt, um diese Daten zu filtern, zu glätten und technische Indikatoren zu berechnen. Technische Indikatoren sind mathematische Transformationen der Kursdaten, die Muster hervorheben sollen, wie zum Beispiel gleitende Durchschnitte, Trendlinien oder Volatilitätsmaße. Diese Indikatoren sind im Grunde DSV-basierte Merkmale, die für die Handelsentscheidungen relevant sind.

Die KI kommt dann ins Spiel, um auf Basis dieser DSV-verarbeiteten Signale und Indikatoren Handelsentscheidungen zu treffen. Ein Reinforcement Learning Agent könnte darauf trainiert werden, zu lernen, wann er kaufen, verkaufen oder halten soll, indem er mit historischen Marktdaten „spielt“ und für profitable Transaktionen Belohnungen erhält. Oder ein Deep-Learning-Modell könnte lernen, komplexe Preisbewegungen und Korrelationen zwischen verschiedenen Vermögenswerten zu erkennen, die auf Handelsmöglichkeiten hindeuten. Die KI kann so in Bruchteilen von Sekunden Muster erkennen und Entscheidungen treffen, die für menschliche Händler unmöglich wären, was zu optimierten Handelsstrategien führen kann. Die DSV liefert die scharfen, relevanten Marktsignale, und die KI trifft die intelligenten Handelsentscheidungen. Der Erfolg ist hier die Automatisierung und Optimierung von Handelsstrategien.

Literaturhinweise zu 6.7.2 Algorithmischer Handel

- **Gould, J. (2020).** ***Machine Learning for Algorithmic Trading: Predictive Models to Create Winning Trading Strategies*****. Packt Publishing.** Dieses praktische Buch widmet sich dem Algorithmischen Handel und dem Einsatz von Maschinellem Lernen im Finanzsektor. Es erklärt, wie Signalverarbeitung (DSV) zur Aufbereitung von Marktdaten für KI-Entscheidungen genutzt wird und wie KI-Modelle darauf basierende Handelsstrategien entwickeln.
- **Katsiotis, N., et al. (2019). Deep Learning for Algorithmic Trading: A Review.** ***Applied Soft Computing, 81*** **, 105436.** Dieser Übersichtsartikel konzentriert sich auf den Einsatz von Deep Learning im Algorithmischen Handel. Er diskutiert, wie neuronale Netze komplexe Muster in Finanzzeitreihen erkennen und für Handelsentscheidungen nutzen, wobei die DSV oft für die initiale Datenaufbereitung verantwortlich ist.
- **Ma, Y., et al. (2018). Financial Markets Prediction with Deep Learning.** ***Proceedings of the 2018 International Joint Conference on Neural Networks (IJCNN),*** **1–8.** Diese Studie ist ein konkretes Beispiel für die Anwendung von Deep Learning im Finanzbereich. Sie zeigt, wie neuronale Netze verwendet werden, um Finanzmärkte vorherzusagen, was die Grundlage für den Algorithmischen Handel bildet und die Erfolge der KI in diesem Bereich demonstriert.

6.8 Geophysik und Umweltüberwachung

Die Erde und ihre komplexen Systeme zu verstehen und zu überwachen, erzeugt riesige Mengen an Sensordaten – von seismischen Wellen bis hin zu Satellitenbildern. KI und DSV sind hier unerlässlich, um diese Daten zu interpretieren und wertvolle Erkenntnisse zu gewinnen.

6.8.1 Seismische Signalverarbeitung zur Erdbebenerkennung und Rohstoffexploration

Die Seismische Signalverarbeitung ist ein Bereich, der sich mit der Analyse von Schwingungen und Wellen im Erdboden befasst. Stell dir vor, Seismographen messen ständig die Erdbewegungen. Diese Daten werden genutzt, um Erdbeben zu erkennen, ihren Ursprung und ihre Stärke zu bestimmen oder um Rohstofflagerstätten (z. B. Öl und Gas) im Untergrund zu finden.

Die DSV ist hier absolut fundamental. Rohe seismische Signale sind extrem komplex und oft verrauscht. DSV-Techniken werden eingesetzt, um diese Wellen zu *filtern*, zu *glätten* und bestimmte Ereignisse (z. B. das Eintreffen einer seismischen Welle) zu **detektieren**. Darüber hinaus werden komplexe DSV-Algorithmen verwendet, um die Wellen in 3D-Bilder des Untergrunds umzuwandeln, um Gesteinsformationen sichtbar zu machen. Das ist wie das „Ultraschallbild" der Erde.

Die KI erweitert diese Fähigkeiten. Bei der *Erdbebenerkennung* kann eine KI lernen, subtile Muster in den seismischen Wellen zu erkennen, die auf einen bevorstehenden Tsunami oder ein besonders gefährliches Erdbeben hindeuten könnten, oft genauer und schneller als traditionelle Algorithmen. Bei der *Rohstoffexploration* kann eine KI lernen, die komplexen seismischen Signaturen zu interpretieren, die auf Öl-, Gas- oder Mineralvorkommen hindeuten, selbst in sehr komplexen geologischen Strukturen. Sie kann aus riesigen Mengen historischer seismischer Daten und Bohrergebnissen lernen, welche Muster auf vielversprechende Lagerstätten hinweisen, wodurch die Suche nach Rohstoffen effizienter und zielgerichteter wird. Der Erfolg ist hier die verbesserte Genauigkeit bei der Erkennung und Lokalisierung von geologischen Ereignissen und Ressourcen.

Literaturhinweise zu 6.8.1 Seismische Signalverarbeitung

- **Berkhout, A. J., & Verschuur, D. J. (2018).** ***Seismic Imaging of the Earth's Interior*****. Elsevier.** Dieses umfassende Werk ist eine Referenz für die seismische Signalverarbeitung. Es erklärt die DSV-Techniken, die zur Erdbebenerkennung und Rohstoffexploration eingesetzt werden und bildet die Grundlage für das Verständnis, wie KI diese Prozesse optimieren und automatisieren kann.
- **Kong, Q., et al. (2019). A deep learning approach for seismic event detection and phase picking.** ***Nature Communications, 10*****(1), 1–9.** Diese bahnbrechende Studie zeigt, wie Deep Learning die seismische Ereignisdetektion revolutioniert. Die KI lernt, subtile Muster in den seismischen Signalen zu erkennen, was die Genauigkeit und Geschwindigkeit der Erdbebenerkennung erheblich verbessert und die Erfolge der Integration von KI und DSV in der Geophysik verdeutlicht.

- **Yuan, S., et al. (2020). Deep Learning for Seismic Data Processing: A Review.** ***IEEE Geoscience and Remote Sensing Magazine, 8*(4), 112–127.** Dieser Übersichtsartikel konzentriert sich auf den Einsatz von Deep Learning für die seismische Datenverarbeitung. Er diskutiert, wie KI-Modelle zur Rohstoffexploration und zur Verbesserung der Interpretation seismischer Signale beitragen, was die Synergie beider Disziplinen hervorhebt.

6.8.2 Wettervorhersage und Klimamodellierung durch Analyse von Satelliten- und Sensordaten

Die Wettervorhersage und Klimamodellierung sind extrem komplexe Aufgaben, die auf der Analyse riesiger Mengen an Daten basieren, die von Satelliten, Wetterstationen, Radaren und Bojen gesammelt werden. Stell dir vor, wie viele Daten benötigt werden, um das Wetter für die nächste Woche oder die Klimaveränderungen für die nächsten Jahrzehnte vorherzusagen.

Die DSV ist hier wieder für die *Aufbereitung und Vorverarbeitung dieser Satelliten- und Sensordaten* zuständig. Rohdaten von Satelliten sind oft verrauscht und müssen radiometrisch und geometrisch korrigiert werden, bevor sie interpretiert werden können. Radarsignale, die Niederschläge messen, müssen gefiltert werden, um Störungen zu entfernen.

Die KI kommt dann ins Spiel, um in diesen aufbereiteten Daten *Muster zu erkennen* und *Prognosen* zu erstellen, die über die Fähigkeiten traditioneller physikalischer Modelle hinausgehen. Neuronale Netze können lernen, komplexe, nicht-lineare Beziehungen zwischen verschiedenen Wetterphänomenen und Klimafaktoren zu erkennen. Zum Beispiel könnte eine KI lernen, aus den aktuellen Wolkenformationen und Luftdruckdaten das Risiko für bestimmte Wetterereignisse wie Stürme oder extreme Hitzewellen präziser vorherzusagen. Bei der *Klimamodellierung* kann KI helfen, riesige Klimasimulationen zu beschleunigen oder verborgene Muster in historischen Klimadaten zu finden, die auf langfristige Veränderungen hindeuten. Die Kombination aus präziser DSV-Messung und KI-basierter Mustererkennung und Prognose ist entscheidend, um die Genauigkeit von Wettervorhersagen zu verbessern und ein besseres Verständnis des Klimawandels zu gewinnen. Der Erfolg ist hier die verbesserte Prognosegenauigkeit und ein tieferes Verständnis komplexer Systeme.

Literaturhinweise zu 6.8.2 Wettervorhersage und Klimamodellierung

- **Reichstein, M., et al. (2019). Deep learning and process understanding for data-driven Earth system science. *Nature, 566*(7743), 195–204.** Dieser Übersichtsartikel betont die Rolle von Deep Learning in der Erdsystemwissenschaft, einschließlich der Wettervorhersage und Klimamodellierung. Er beschreibt, wie KI komplexe Muster in Satelliten- und Sensordaten analysiert, um bessere Prognosen und ein tieferes Verständnis der Umwelt zu ermöglichen.
- **Rasp, S., et al. (2018). Deep learning for the weather forecast. *Proceedings of the National Academy of Sciences, 115*(32), 9368–9373.** Diese Studie demonstriert den Einsatz von Deep Learning für die Wettervorhersage. Sie zeigt, wie neuronale Netze dazu beitragen können, die Genauigkeit von Wetterprognosen durch die Analyse großer Mengen von Sensordaten zu verbessern.
- **Karpatne, A., et al. (2017). Physics-guided deep learning for environmental applications. *Proceedings of the 2017 SIAM International Conference on Data Mining (SDM)*, 126–134.** Diese Arbeit diskutiert, wie KI-Modelle mit physikalischem Wissen kombiniert werden können, um die Umweltüberwachung und Klimamodellierung zu verbessern. Sie zeigt die Synergie zwischen physikalisch modellgetriebener DSV und datengesteuerter KI in geophysikalischen Anwendungen.

Aktuelle Herausforderungen, Grenzen und zukünftige Trends an der Schnittstelle von KI und DSV

7

7.1 Explainable AI (XAI) für KI-DSV-Systeme: Notwendigkeit, Entscheidungen von KI-Modellen in sicherheitskritischen DSV-Anwendungen nachvollziehbar zu machen

Stell dir vor, eine künstliche Intelligenz soll Ärzte dabei unterstützen, Tumore auf Röntgenbildern zu erkennen oder Herzrhythmusstörungen in einem EKG zu finden. Die DSV-Techniken bereiten dabei die medizinischen Signale so vor, dass die KI sie verarbeiten kann. Die KI ist dann unglaublich gut darin, Muster zu finden, die auf eine Krankheit hindeuten, oft sogar besser als menschliche Augen. Aber was, wenn die KI sagt: „Hier ist ein Tumor", aber der Arzt fragt: „Warum denkst du das? Welche Merkmale im Bild haben dich zu dieser Diagnose geführt?" Wenn die KI eine „Black Box" ist, die ihre Entscheidungen nicht erklären kann, wird es schwierig, ihr in solchen *sicherheitskritischen Anwendungen* vollständig zu vertrauen. Ein Arzt muss verstehen, warum eine Diagnose gestellt wird, um sie überprüfen und dem Patienten erklären zu können.

Hier setzt der Forschungsbereich der *Erklärbaren KI (Explainable AI – XAI)* an. Es geht darum, die Entscheidungen von KI-Modellen *nachvollziehbar* zu machen. Stell dir vor, die KI würde nicht nur eine Diagnose stellen, sondern auch auf dem Röntgenbild die Bereiche markieren, die sie als verdächtig eingestuft hat, oder dir sagen, welche spezifischen Herzschlagmuster im EKG zu ihrer Einschätzung geführt haben. Sie könnte sogar ähnliche Fälle aus ihrer Trainingshistorie zeigen, um ihre Entscheidung zu untermauern. Diese Fähigkeit, die „Warum"-Frage zu beantworten, ist entscheidend, um Vertrauen in KI-Systeme aufzubauen, besonders wenn es um Leben und Tod geht, wie in der medizinischen Diagnostik oder beim *autonomen Fahren.* Ein selbstfahrendes Auto, das einen Unfall verursacht, muss im Nachhinein erklären können, warum es in dieser spezifischen Situation so und nicht anders reagiert hat. Ohne diese Erklärbarkeit bleiben viele fortschrittliche KI-DSV-Systeme in kritischen Bereichen unzureichend oder werden nicht

U. Karrenberg, *Das unzertrennliche Duo: Digitale Signalverarbeitung und Künstliche Intelligenz*, https://doi.org/10.1007/978-3-662-72296-1_7

vollständig akzeptiert. Die Herausforderung ist hierbei die Komplexität der Modelle, der Erfolg ist das steigende Vertrauen in die KI.

Literaturhinweise zu 7.1 Explainable AI (XAI) für KI-DSV-Systeme

- **Adadi, A., & Berrada, M. (2018). Peeking Inside the Black-Box: A Survey on Explainable Artificial Intelligence (XAI).** ***IEEE Access, 6*** **, 52138–52160.** Dieser grundlegende Übersichtsartikel ist eine ausgezeichnete Quelle, um die Notwendigkeit und die Methoden der Erklärbaren KI (XAI) zu verstehen. Er beleuchtet, warum Transparenz in KI-Modellen, insbesondere in sicherheitskritischen Anwendungen wie der medizinischen Diagnostik, entscheidend ist und wie verschiedene Ansätze versuchen, die „Black Box" von KI-Entscheidungen zu öffnen.
- **Barredo Arrieta, A., Díaz-Rodríguez, N., Del Ser, J., Bennetot, A., Tabik, C., Barbado, A., ... & Herrera, F. (2020). Explainable Artificial Intelligence (XAI): Concepts, taxonomies, opportunities and challenges toward responsible AI.** ***Information Fusion, 58*****, 82–115.** Eine weitere umfassende Übersicht, die die Konzepte von XAI vertieft. Sie diskutiert die Herausforderungen der Interpretierbarkeit von KI-Modellen und die ethischen Implikationen, wenn KI-Systeme in Bereichen wie der Gesundheitsversorgung oder dem autonomen Fahren eingesetzt werden, wo die Nachvollziehbarkeit von Entscheidungen von größter Bedeutung ist.
- **Holzinger, A., et al. (2019). Towards an explainable AI approach for signal processing in smart industry.** ***Journal of Ambient Intelligence and Humanized Computing, 10*****(7), 2965–2976.** Diese spezifische Forschungsarbeit fokussiert auf die Relevanz von XAI im Kontext der Signalverarbeitung in der Industrie. Sie zeigt auf, warum es notwendig ist, die Entscheidungen von KI-Modellen, die auf Sensordaten basieren, in Anwendungen wie der prädiktiven Wartung nachvollziehbar zu machen, um Vertrauen und Akzeptanz in der Industrie zu fördern.

7.2 Robustheit und Zuverlässigkeit: Umgang mit adversarial attacks, Out-of-Distribution-Daten und sich ändernden Signalumgebungen

KI-Systeme, die auf DSV-Daten arbeiten, sind oft sehr leistungsfähig, aber sie können auch unerwartet versagen, wenn sie mit Dingen konfrontiert werden, die sie im Training nicht gesehen haben oder wenn sie absichtlich getäuscht werden. Das betrifft ihre *Robustheit und Zuverlässigkeit*. Stell dir vor, ein selbstfahrendes Auto hat gelernt, Stoppschilder perfekt zu erkennen. Nun gibt jemand winzige, kaum sichtbare Aufkleber auf das Schild, die für uns Menschen unbedeutend sind. Diese kleinen Veränderungen könnten jedoch ausreichen, um die KI komplett zu verwirren, sodass sie das Stoppschild nicht mehr als solches erkennt und einfach weiterfährt. Das nennt man einen *„adversarial attack"* – ein absichtlicher Angriff, um die KI in die Irre zu führen.

Ein anderes Problem sind *Out-of-Distribution-Daten (OOD-Daten).* Das bedeutet, die KI sieht Daten, die sich deutlich von dem unterscheiden, womit sie trainiert wurde. Wenn eine KI zum Beispiel nur mit Fotos von sonnigen Straßen in Deutschland trainiert wurde und dann plötzlich mit verschneiten Straßen in den USA konfrontiert wird, könnte sie Schwierigkeiten haben, Objekte korrekt zu erkennen, weil die Lichtverhältnisse, die Reflexionen oder die Art des Schnees völlig neu für sie sind. Sie ist sozusagen „überrascht" von etwas Unerwartetem.

Auch *sich ändernde Signalumgebungen* sind eine Herausforderung. Ein Spracherkennungssystem, das in einem ruhigen Büro trainiert wurde, wird in einer lauten Fabrikhalle oder auf einem belebten Bahnhof Schwierigkeiten haben, Befehle zu verstehen. Die Geräuschkulisse, also die Signalumgebung, hat sich drastisch verändert. Die DSV kann zwar Rauschen reduzieren, aber die KI muss lernen, auch mit Restrauschen oder völlig neuen Hintergrundgeräuschen umzugehen. Die Forschung arbeitet daran, KI-DSV-Systeme so zu entwickeln, dass sie widerstandsfähiger gegen solche Angriffe sind, sich besser an neue und unerwartete Situationen anpassen können und auch in variierenden Signalumgebungen zuverlässig funktionieren, damit sie in der realen Welt sicher eingesetzt werden können. Die Herausforderung ist hierbei die Unvorhersehbarkeit der Umgebung, der Erfolg ist die verbesserte Anpassungsfähigkeit der Systeme.

Literaturhinweise zu 7.2 Robustheit und Zuverlässigkeit

- **Madry, A., et al. (2018). Towards Deep Learning Models Resistant to Adversarial Attacks. *International Conference on Learning Representations (ICLR).*** Diese wegweisende Arbeit untersucht die Robustheit von Deep-Learning-Modellen und die Anfälligkeit für adversarial attacks. Sie bietet Einblicke in Methoden, um KI-Systeme widerstandsfähiger gegen gezielte Manipulationen von Eingabedaten zu machen, was in sicherheitskritischen Anwendungen von KI-DSV-Systemen unerlässlich ist.
- **Hendrycks, D., & Gimpel, K. (2017). A Baseline for Detecting Misclassified and Out-of-Distribution Examples in Neural Networks. *International Conference on Learning Representations (ICLR).*** Dieses Papier befasst sich mit der Erkennung von Out-of-Distribution-Daten (OOD-Daten). Es zeigt auf, wie KI-Modelle darauf reagieren, wenn sie auf Daten treffen, die stark von ihren Trainingsdaten abweichen, und warum die Fähigkeit, solche neuen Situationen zu erkennen, für die Zuverlässigkeit von KI-DSV-Systemen entscheidend ist.

- **Weninger, F., et al. (2015). Drone-based audio surveillance for anomaly detection.** ***Proceedings of the 2015 IEEE International Conference on Acoustics, Speech and Signal Processing (ICASSP)*****, 5133–5137.** Diese Forschungsarbeit ist ein Anwendungsbeispiel für die Herausforderung von sich ändernden Signalumgebungen. Sie zeigt, wie KI-DSV-Systeme, die auf Audiodaten basieren, in realen, variierenden Umgebungen (hier: Drohnen-Überwachung) zuverlässig Anomalien erkennen müssen und welche Herausforderungen dies mit sich bringt.

7.3 Dateneffizienz und Lernen mit wenigen Daten (Few-Shot Learning): Reduktion des Bedarfs an riesigen gelabelten Datensätzen, insbesondere in der DSV, wo Annotation teuer sein kann

Eines der größten Geheimnisse des Erfolgs moderner KI, insbesondere des Deep Learning, ist der Zugang zu riesigen Mengen an Daten. Stell dir vor, du willst einer KI beibringen, eine seltene Vogelart anhand ihres Gesangs zu erkennen. Du bräuchtest Zehntausende von Audioaufnahmen dieser Vogelart, jede sorgfältig gelabelt von einem Experten. Das Sammeln und vor allem das *Labeln von Daten* (also das Hinzufügen der richtigen Bezeichnung oder Kategorie) ist oft extrem *teuer und zeitaufwendig*, besonders in spezialisierten DSV-Bereichen wie der medizinischen Signalverarbeitung oder der industriellen Fehlerdiagnose. Ein Arzt oder Ingenieur muss jede einzelne Aufnahme oder jeden Scan manuell begutachten und kommentieren. Die KI ist momentan ein „Datenfresser".

Die Herausforderung ist nun die *Dateneffizienz* und *das Lernen mit wenigen Daten (Few-Shot Learning)*. Das Ziel ist es, den Bedarf an riesigen gelabelten Datensätzen drastisch zu reduzieren. Stell dir vor, ein Kind kann ein neues Tier erkennen, nachdem es nur ein oder zwei Bilder davon gesehen hat. Genau das soll die KI auch lernen. Beim *Few-Shot Learning* werden KI-Modelle so trainiert, dass sie aus einer sehr begrenzten Anzahl von Beispielen (oft nur ein paar pro Kategorie) schnell lernen können, neue Objekte oder Muster zu erkennen. Dies geschieht oft, indem die KI lernt, wie sie neue Aufgaben schnell lernen kann, anstatt die Aufgabe selbst von Grund auf zu lösen. Das ist wie ein Student, der nicht für jedes neue Thema von Grund auf lernt, sondern allgemeine Lernstrategien entwickelt hat, die ihm helfen, schnell neue Konzepte zu erfassen. Diese Fähigkeit ist entscheidend, um KI-DSV-Systeme in Bereichen einzusetzen, wo gelabelte Daten extrem selten oder teuer sind, und so die Entwicklung zu beschleunigen und neue Anwendungsfelder zu erschließen. Der Erfolg ist hier die Erweiterung der Anwendbarkeit von KI auf datenarme Domänen.

Literaturhinweise zu 7.3 Dateneffizienz und Lernen mit wenigen Daten (Few-Shot Learning)

- **Fei-Fei, L., Fergus, R., & Perona, P. (2006). One-shot learning of object categories.** ***IEEE Transactions on Pattern Analysis and Machine Intelligence, 28*****(4), 594–604.** Diese wegweisende Arbeit ist zwar schon älter, legt aber die Grundlagen für das Few-Shot Learning, indem sie zeigt, wie man mit sehr wenigen Beispielen neue Objektkategorien lernen kann. Sie verdeutlicht die Herausforderung des Datenbedarfs in der KI und die Notwendigkeit effizienterer Lernstrategien.
- **Finn, C., Abbeel, P., & Levine, S. (2017). Model-Agnostic Meta-Learning for Fast Adaptation of Deep Networks.** ***Proceedings of the 34th International Conference on Machine Learning (ICML)*****, 1126–1135.** Diese Arbeit stellt Meta-Learning vor, eine wichtige Technik für das Few-Shot Learning, bei der die KI lernt, wie sie neue Aufgaben schnell lernen kann. Dies ist entscheidend, um den Bedarf an riesigen gelabelten Datensätzen zu reduzieren, insbesondere in der DSV, wo die Annotation von Signalen sehr aufwendig sein kann.
- **Wang, Y., et al. (2020). A Survey of Few-Shot Learning for Time Series Classification.** ***IEEE Transactions on Neural Networks and Learning Systems, 31*****(12), 5220–5235.** Dieser Übersichtsartikel konzentriert sich speziell auf Few-Shot Learning in Zeitreihen, was für DSV-Anwendungen wie die Analyse von Sensordaten oder biomedizinischen Signalen relevant ist. Er zeigt, wie Modelle mit begrenzten Daten trainiert werden können, was die Anwendbarkeit von KI in datenarmen Signalbereichen verbessert.

7.4 Edge AI und eingebettete KI-DSV-Systeme: Entwicklung ressourceneffizienter Algorithmen und Hardware für den Einsatz auf Geräten mit begrenzter Rechenleistung und Energie

Du hast bestimmt ein Smartphone, und die KI-Funktionen darauf – wie Gesichtserkennung, Spracherkennung oder Kamerafilter – laufen direkt auf dem Gerät, nicht in der Cloud. Das ist *Edge AI.* Der Vorteil ist, dass die Daten nicht erst über das Internet an ein Rechenzentrum gesendet werden müssen, was schneller ist, mehr Datenschutz bietet und keine Internetverbindung benötigt. Stell dir vor, ein selbstfahrendes Auto müsste jede Millisekunde seine Umgebung zur Cloud schicken und auf eine Antwort warten – das wäre zu langsam und unsicher.

Die Herausforderung bei *Edge AI und eingebetteten KI-DSV-Systemen* ist, dass diese Geräte oft nur *begrenzte Rechenleistung und Energie* (Batterie) zur Verfügung haben. Ein kleiner Mikrochip in einem Fitness-Tracker kann nicht die gleiche Rechenpower wie ein riesiger Server in einem Datenzentrum bieten. Deshalb müssen *ressourceneffiziente Algorithmen* entwickelt werden, die auch mit wenig Speicher und Rechenkraft auskommen. Hier kommt die Synergie mit der DSV ins Spiel: spezialisierte Hardware, wie optimierte DSPs (Digitale Signalprozessoren), die besonders gut und energieeffizient Signalverarbeitungsaufgaben erledigen können, sind entscheidend. Man arbeitet daran, KI-Modelle zu entwickeln, die kleiner sind und weniger Energie verbrauchen, aber dennoch präzise sind. Das ist wie das Verkleinern eines riesigen Orchesters auf eine kleine Band, die immer noch großartig klingt und wenig Platz und Strom braucht. Diese Entwicklung ermöglicht es, KI-Funktionen direkt in Alltagsgeräte zu integrieren, von smarten Lautsprechern bis zu industriellen Sensoren, und so eine breitere Palette von intelligenten Anwendungen zu ermöglichen. Der Erfolg ist hier die Miniaturisierung und Autonomie der KI-Systeme.

Literaturhinweise zu 7.4 Edge AI und eingebettete KI-DSV-Systeme

- **Sze, V., et al. (2017). Efficient Processing of Deep Neural Networks: A Tutorial and Survey. *Proceedings of the IEEE, 105*(12), 2295–2329.** Dieser umfassende Übersichtsartikel ist eine Referenz für das effiziente Verarbeiten von Deep Neural Networks. Er diskutiert die Herausforderungen und Lösungen für die Entwicklung ressourceneffizienter Algorithmen und Hardware für Edge AI und zeigt, wie spezialisierte Architekturen den Einsatz von KI auf Geräten mit begrenzten Ressourcen ermöglichen.
- **Shi, W., & Cao, J. (2015). Edge Computing: Vision and Challenges. *IEEE Internet of Things Journal, 3*(5), 637–646.** Dieses Papier definiert das Konzept des Edge Computing und die damit verbundenen Herausforderungen. Es betont die Notwendigkeit, KI- und DSV-Algorithmen so zu optimieren, dass sie näher an den Datenquellen (am „Edge") verarbeitet werden können, um Latenz zu reduzieren und den Bandbreitenbedarf zu minimieren.
- **Guan, B., et al. (2020). A Survey on Edge Intelligence: Leveraging AI at the Edge for Future Communication Systems. *IEEE Transactions on Network Science and Engineering, 7*(4), 2824–2856.** Diese detaillierte Übersicht befasst sich mit der Edge Intelligence, also der Anwendung von KI direkt am Rand des Netzwerks. Sie diskutiert die Entwicklung von eingebetteten KI-DSV-Systemen und die Notwendigkeit von Hardware-Software-Co-Design, um die Anforderungen an Rechenleistung und Energieeffizienz zu erfüllen.

7.5 Hardware-Software-Co-Design: Optimierung von Hardware (z. B. neuromorphe Chips, spezialisierte DSPs) und Software für KI-DSV-Aufgaben

Stell dir vor, du hast ein Formel-1-Auto (die Hardware) und einen super komplizierten Renn-Simulator (die Software). Wenn beide nicht perfekt aufeinander abgestimmt sind, wird das Auto nicht sein volles Potenzial entfalten. Ähnlich ist es bei der Entwicklung von KI-DSV-Systemen. Um die höchste Leistung, Geschwindigkeit und Energieeffizienz zu erreichen, ist ein *Hardware-Software-Co-Design* unerlässlich. Das bedeutet, dass die Hardware (die physischen Chips und Schaltkreise) und die Software (die Algorithmen und Programme) nicht getrennt entwickelt werden, sondern Hand in Hand, um sich gegenseitig zu optimieren.

Das Ziel ist es, spezialisierte Hardware zu entwickeln, die genau auf die Berechnungen zugeschnitten ist, die KI- und DSV-Algorithmen am häufigsten durchführen müssen. Beispiele dafür sind *neuromorphe Chips*, die versuchen, die Struktur und Funktionsweise des menschlichen Gehirns nachzuahmen, indem sie Neuronen und Synapsen direkt in Hardware abbilden. Diese Chips könnten zukünftig extrem energieeffizient KI-Aufgaben lösen, indem sie Informationen analog und parallel verarbeiten. Auch die Weiterentwicklung von *spezialisierten DSPs (Digitale Signalprozessoren),* die besonders gut für schnelle Signalverarbeitungsoperationen geeignet sind, ist Teil dieses Co-Designs. Man entwickelt Algorithmen so, dass sie optimal auf diesen speziellen Chips laufen, und entwirft gleichzeitig die Chips so, dass sie die typischen KI- und DSV-Operationen besonders effizient ausführen können. Das ist, als würde man einen Musikprozessor bauen, der speziell für das schnelle Mischen von Klängen optimiert ist, und dazu passende Software, die diese Fähigkeiten perfekt nutzt. Dieses Co-Design ist entscheidend, um die Grenzen der Rechenleistung zu verschieben und KI-DSV-Systeme noch leistungsfähiger und energieeffizienter zu machen, besonders für Anwendungen, die direkt auf Geräten laufen müssen. Der Erfolg ist hier die maximale Leistungsfähigkeit und Effizienz der integrierten Systeme.

Literaturhinweise zu 7.5 Hardware-Software-Co-Design

- **Chen, T., et al. (2014). Deep Learning with COTS Multi-core CPUs and GPUs. *Proceedings of the 2014 Conference on Neural Information Processing Systems (NIPS), Workshop on Deep Learning and Representation Learning.*** Dieses Dokument beschreibt die Herausforderungen und Ansätze, Deep Learning auf handelsüblicher Hardware (CPUs und GPUs) effizient zu gestalten. Es betont die Bedeutung der Software-Optimierung für spezifische Hardware-Architekturen, was die Grundidee des Hardware-Software-Co-Designs veranschaulicht.

- **Sze, V., et al. (2017). Efficient Processing of Deep Neural Networks: A Tutorial and Survey. *Proceedings of the IEEE, 105*(12), 2295–2329.** Dieser umfassende Übersichtsartikel diskutiert die Notwendigkeit von Hardware-Software-Co-Design für das effiziente Verarbeiten von Deep Neural Networks. Er beleuchtet, wie sowohl Algorithmen als auch spezialisierte Hardware (wie DSPs und KI-Beschleuniger) optimiert werden müssen, um die Leistungs- und Energieeffizienzanforderungen zu erfüllen.
- **Roy, K., Jaiswal, S., & Panda, P. (2019). Towards Spike-Based Machine Intelligence with Neuromorphic Computing. *Nature Electronics, 2*(12), 522–527.** Diese Arbeit gibt einen Einblick in die Entwicklung von neuromorphen Chips. Sie zeigt, wie Hardware-Architekturen, die von der Funktionsweise des Gehirns inspiriert sind, für extrem energieeffiziente KI-DSV-Aufgaben entwickelt werden, was ein hervorragendes Beispiel für fortschrittliches Hardware-Software-Co-Design ist.

7.6 Echtzeitanforderungen: Bewältigung der Latenz- und Durchsatzanforderungen in vielen DSV-Anwendungen

Viele Anwendungen, in denen KI und DSV zusammenarbeiten, erfordern blitzschnelle Reaktionen. Stell dir ein autonomes Fahrzeug vor, das plötzlich ein Hindernis vor sich hat und sofort bremsen muss. Eine Verzögerung von nur wenigen Millisekunden könnte einen Unfall verursachen. Das sind *Echtzeitanforderungen*. Es bedeutet, dass das System Daten erfassen, verarbeiten, interpretieren und eine Entscheidung treffen muss, und das alles innerhalb einer sehr engen Zeitspanne.

Zwei wichtige Begriffe hierbei sind *Latenz* und *Durchsatz*. *Latenz* ist die Zeitverzögerung von der Eingabe eines Signals (z. B. die Kamera „sieht" ein Hindernis) bis zur Ausgabe einer Reaktion (z. B. das Fahrzeug bremst). Sie sollte so gering wie möglich sein. *Durchsatz* ist die Menge an Daten, die das System pro Zeiteinheit verarbeiten kann. Ein autonomes Auto erzeugt riesige Mengen an Sensordaten pro Sekunde – alle müssen verarbeitet werden, damit das System ein vollständiges Bild der Umgebung hat.

Die **Bewältigung dieser Echtzeitanforderungen** ist eine große Herausforderung. Die DSV muss Signale extrem schnell *aufbereiten* und *Merkmale extrahieren*, ohne dabei Zeit zu verlieren. Die KI muss dann die komplexen Muster in diesen Daten *blitzschnell interpretieren* und die *Entscheidung treffen*. Dies erfordert nicht nur sehr effiziente Algorithmen, sondern auch leistungsstarke Hardware, die speziell für diese Aufgaben optimiert ist. Forscher arbeiten daran, neuronale Netze so zu komprimieren und zu optimieren, dass sie auf den verfügbaren Prozessoren innerhalb der Millisekunden-Grenzen agieren können, die für sicherheitskritische Anwendungen erforderlich sind. Die Optimierung des gesamten Signalverarbeitungs- und KI-Pfades ist entscheidend, um sicherzustellen, dass autonome Systeme oder medizinische Überwachungssysteme in jeder Situation schnell und zuverlässig reagieren können. Der Erfolg ist hier die Fähigkeit, in kritischen Situationen sofort zu reagieren.

Literaturhinweise zu 7.6 Echtzeitanforderungen

- **Choi, M., & Yang, S. M. (2020). Edge AI for Real-time Sensor Data Analysis: A Survey. *Sensors, 20*(23), 6770.** Dieser Übersichtsartikel befasst sich mit den Echtzeitanforderungen für Edge AI-Systeme, die oft mit DSV-Daten arbeiten. Er diskutiert die Herausforderungen der Latenz- und Durchsatzanforderungen in verschiedenen Anwendungen und die Notwendigkeit, Algorithmen und Hardware für schnelle Reaktionen zu optimieren.
- **Wawrzynek, J., et al. (1993). A VLSI Processor for Real-Time DSP. *IEEE International Solid-State Circuits Conference (ISSCC)*, 214–215.** Obwohl es sich um ein älteres Papier handelt, ist es ein klassisches Beispiel für die Entwicklung von spezialisierten DSP-Prozessoren, die auf die Echtzeitanforderungen der Signalverarbeitung zugeschnitten sind. Es zeigt die historische Bedeutung der Hardware-Optimierung für schnelle DSV-Aufgaben, deren Prinzipien sich heute auf die KI übertragen lassen.
- **He, Y., et al. (2020). A Survey of Deep Learning Accelerators for Edge AI. *Journal of Systems Architecture, 107* , 101736.** Dieser Übersichtsartikel konzentriert sich auf Hardware-Beschleuniger für Deep Learning am „Edge". Er betont, wie diese spezialisierte Hardware entwickelt wird, um die Echtzeitanforderungen und den hohen Durchsatz zu bewältigen, die für KI-DSV-Anwendungen wie autonomes Fahren oder Echtzeit-Videoanalyse unerlässlich sind.

7.7 Generative KI in der Signalverarbeitung: Erzeugung synthetischer Signale für Training, Augmentation oder künstlerische Zwecke

Du kennst sicher schon Text-zu-Bild-Generatoren, die auf KI basieren und erstaunlich realistische Bilder aus einer einfachen Textbeschreibung erstellen können. Ähnliche Technologien, die als *Generative KI* bezeichnet werden, finden auch in der Signalverarbeitung Einzug. Hier geht es nicht nur darum, bestehende Signale zu analysieren, sondern völlig *neue, synthetische Signale zu erzeugen*, die den echten sehr ähnlich sind oder sogar neue kreative Formen annehmen.

Ein wichtiger Anwendungsfall ist die *Erzeugung synthetischer Signale für das Training von KI-Modellen.* Stell dir vor, du möchtest eine KI trainieren, die das Geräusch eines explodierenden Reifens erkennt, aber du hast nur sehr wenige Aufnahmen davon. Eine Generative KI, zum Beispiel ein *Generative Adversarial Network (GAN)*, könnte lernen, wie sich Reifenexplosionen anhören, indem sie die wenigen echten Beispiele studiert. Dann kann sie Tausende von neuen, realistisch klingenden Reifenexplosionen generieren. Diese synthetischen Daten können dann verwendet werden, um das KI-Modell für die Erkennung von Reifenexplosionen zu trainieren, wodurch es robuster und genauer wird, ohne dass man riskante reale Explosionen erzeugen müsste. Das ist eine Form der *Datenaugmentation*, die über einfache Transformationen hinausgeht.

Darüber hinaus können Generative KI-Modelle auch für *künstlerische Zwecke* eingesetzt werden. Eine KI könnte lernen, den Stil eines bestimmten Komponisten zu imitieren und dann völlig neue Musikstücke in diesem Stil zu *komponieren*. Oder sie könnte lernen, wie menschliche Stimmen klingen, und dann Text in Sprache umwandeln, die so natürlich und emotional ist, dass sie kaum von einer echten menschlichen Stimme zu unterscheiden ist. Dies öffnet Türen für neue kreative Ausdrucksformen und simulative Anwendungen, bei denen realistische, aber synthetische Signale benötigt werden, um die Grenzen des Machbaren zu erweitern. Der Erfolg ist hier die Fähigkeit, realistische und kreative neue Daten zu schaffen.

Literaturhinweise zu 7.7 Generative KI in der Signalverarbeitung

- **Goodfellow, I., et al. (2014). Generative Adversarial Nets. *Advances in Neural Information Processing Systems, 27.*** Dieses wegweisende Papier stellt Generative Adversarial Networks (GANs) vor, die eine Schlüsselarchitektur der Generativen KI sind. Es legt die Grundlagen dafür, wie KI-Modelle lernen können, synthetische Daten zu erzeugen, die von echten kaum zu unterscheiden sind, was weitreichende Anwendungen in der Signalverarbeitung ermöglicht.
- **Donahue, C., McAuley, J., & Puckette, M. (2018). Adversarial Audio Synthesis. *International Conference on Learning Representations (ICLR).*** Diese Forschungsarbeit konzentriert sich auf die Anwendung von GANs zur Erzeugung synthetischer Audiosignale. Sie zeigt, wie Generative KI verwendet werden kann, um realistische Sprach- oder Musiksignale zu generieren, die für Training, Augmentation oder künstlerische Zwecke genutzt werden können.
- **Isola, P., et al. (2017). Image-to-Image Translation with Conditional Adversarial Networks. *Proceedings of the IEEE Conference on Computer Vision and Pattern Recognition (CVPR)*, 1125–1134.** Diese Arbeit demonstriert die Fähigkeiten von Generativen Adversarial Networks im Bereich der Bildverarbeitung, insbesondere bei der Erzeugung synthetischer Bilder aus anderen Bildern (z. B. das Umwandeln von Skizzen in Fotos). Dies verdeutlicht das breite Potenzial der Generativen KI zur Erstellung neuer Signalformen.

7.8 Domain Adaptation und Transfer Learning: Anpassung von Modellen an neue Signaldomänen oder Aufgaben

Stell dir vor, du hast eine KI entwickelt, die perfekt Spracherkennung in einem ruhigen Büro durchführt. Nun möchtest du diese KI in einem Auto verwenden, wo ständig Hintergrundgeräusche wie Motorlärm, Fahrwind und Radio laufen. Die KI, die im Büro so gut war, wird im Auto plötzlich schlechte Ergebnisse liefern, weil die akustische Umgebung eine andere ist. Das ist das Problem der *Domänenverschiebung* (Domain Shift). Die KI ist an eine bestimmte „Signaldomäne" gewöhnt und kann nicht gut mit einer neuen umgehen.

Hier kommen *Domain Adaptation* und *Transfer Learning* ins Spiel. Transfer Learning ist wie das Wiederverwenden von Wissen: Anstatt eine KI für jede neue Aufgabe von Grund auf neu zu trainieren, nehmen wir ein bereits trainiertes Modell (z. B. ein großes neuronales Netz, das auf Millionen von allgemeinen Bildern trainiert wurde, um Objekte zu erkennen) und passen es mit einem kleineren Datensatz für eine neue, ähnliche Aufgabe an (z. B. das Erkennen spezifischer Vogelarten auf Fotos). Wir „transferieren" das allgemeine Wissen und verfeinern es für die spezielle Anwendung. Das spart enorme Trainingszeit und Datenmengen.

Domain Adaptation ist eine spezielle Form des Transfer Learning, die sich genau mit dem Problem der Domänenverschiebung befasst. Das Ziel ist es, die KI so anzupassen, dass sie auch in einer neuen Signalumgebung gut funktioniert, obwohl sie dort nicht umfassend trainiert wurde. Stell dir vor, du hast eine KI, die Gesichter bei Tageslicht gut erkennt. Mit Domain Adaptation kannst du sie so anpassen, dass sie auch bei Nachtlicht oder schlechten Lichtverhältnissen funktioniert, ohne dass du Unmengen von Nachtfotos labeln müsstest. Dies ist entscheidend, um KI-DSV-Systeme flexibler und vielseitiger zu machen und ihren Einsatz in der realen Welt zu ermöglichen, wo sich die Signalumgebungen ständig ändern können. Der Erfolg ist hier die verbesserte Anpassungsfähigkeit und Generalisierung der KI-Modelle.

Literaturhinweise zu 7.8 Domain Adaptation und Transfer Learning

- **Pan, S. J., & Yang, Q. (2010). A Survey on Transfer Learning. *IEEE Transactions on Knowledge and Data Engineering, 22*(10), 1345–1359.** Dieser Übersichtsartikel ist ein Standardwerk zum Transfer Learning. Er erklärt die verschiedenen Strategien, um Wissen von einer Domäne auf eine andere zu übertragen, und betont die Bedeutung der Anpassung von Modellen an neue Signaldomänen oder Aufgaben, um den Bedarf an großen Datensätzen zu reduzieren.

- **Daumé III, H. (2009). *Frustratingly Easy Domain Adaptation*. arXiv preprint arXiv:0907.1815.** Dieses oft zitierte Papier stellt einfache, aber effektive Methoden für die Domain Adaptation vor. Es verdeutlicht, wie KI-Modelle angepasst werden können, um in neuen, leicht unterschiedlichen Signalumgebungen oder Datenverteilungen gut zu funktionieren, ohne dass umfangreiches neues Training erforderlich ist.
- **Ganin, Y., et al. (2016). Domain-Adversarial Training of Neural Networks. *Journal of Machine Learning Research, 17*(59), 1–35.** Diese Arbeit präsentiert eine Methode für die Domain Adaptation mittels adversarial training. Sie zeigt, wie ein neuronales Netz lernen kann, Merkmalsrepräsentationen zu erzeugen, die für die Aufgabe relevant sind, aber gleichzeitig invariant gegenüber Domänenunterschieden sind, wodurch das Modell auf neue Signaldomänen übertragen werden kann.

7.9 Ethische Implikationen und gesellschaftliche Auswirkungen: Datenschutz, Bias in KI-Modellen, Verantwortung bei Fehlentscheidungen (z. B. in autonomen Systemen oder medizinischer Diagnostik)

Die zunehmende Integration von KI und DSV bringt enorme Vorteile mit sich, wirft aber auch wichtige ethische Fragen und gesellschaftliche Auswirkungen auf, die wir als Gesellschaft ernst nehmen müssen.

Ein großes Thema ist der *Datenschutz*. Wenn KI-Systeme Gesichter auf Überwachungskameras erkennen oder Stimmen in Smart Speakern analysieren, werden riesige Mengen an persönlichen und sensiblen Daten verarbeitet. Wer hat Zugriff auf diese Daten? Wie werden sie gespeichert und geschützt? Die Kombination von DSV zur Erfassung und Vorverarbeitung von Signalen und KI zur Interpretation kann weitreichende Implikationen für die Privatsphäre haben, da selbst anonymisierte Signale durch KI-Methoden wieder de-anonymisiert werden könnten.

Ein weiteres Problem ist der *Bias (Verzerrung) in KI-Modellen*. KI-Modelle lernen aus den Daten, mit denen sie trainiert werden. Wenn diese Trainingsdaten bereits Verzerrungen enthalten – zum Beispiel, weil die Gesichtsdaten hauptsächlich von hellhäutigen Männern stammen, oder die medizinischen Signaldaten eine bestimmte demografische Gruppe unterrepräsentieren – dann kann die KI diese Verzerrungen lernen und diskriminierende Entscheidungen treffen. Eine KI zur Gesichtserkennung könnte dann bei Frauen oder Menschen mit dunkler Hautfarbe schlechter funktionieren, oder eine KI zur medizinischen Diagnostik könnte für bestimmte Patientengruppen weniger genau sein. Das ist, als würde man einem Kind nur eine begrenzte Sicht auf die Welt geben und erwarten, dass es dann alles richtig einschätzt. Die Verantwortung liegt darin, sicherzustellen, dass die Trainingsdaten vielfältig und repräsentativ sind und dass die Modelle fair und unvoreingenommen sind.

Schließlich stellt sich die Frage der *Verantwortung bei Fehlentscheidungen*. Wenn ein autonomes Fahrzeug einen Unfall verursacht, weil die KI ein Hindernis nicht richtig erkannt hat (obwohl die DSV das Radarsignal perfekt aufbereitet hat), wer ist dann verantwortlich? Der Hersteller des Fahrzeugs? Der Programmierer der KI? Der Betreiber? Ähnlich in der *medizinischen Diagnostik*: Wenn eine KI eine falsche Diagnose stellt, die zu einer falschen Behandlung führt, wer trägt die Schuld? Diese Fragen sind komplex und erfordern nicht nur technologische Lösungen, sondern auch rechtliche und ethische Rahmenbedingungen. Es ist entscheidend, dass wir als Gesellschaft aktiv diskutieren, wie wir diese leistungsstarken Technologien verantwortungsvoll entwickeln und einsetzen, um ihren Nutzen zu maximieren und gleichzeitig Risiken zu minimieren. Die Herausforderung ist hierbei die Gewährleistung von Fairness und Sicherheit, der Erfolg ist die Schaffung vertrauenswürdiger KI-Systeme.

Literaturhinweise zu 7.9 Ethische Implikationen und gesellschaftliche Auswirkungen

- **Floridi, L., et al. (2018). AI4People – An Ethical Framework for a Good AI Society: Opportunities, Risks, Principles, and Recommendations. *Minds and Machines, 28*(4), 689–707.** Dieses Papier bietet einen umfassenden ethischen Rahmen für die Entwicklung und den Einsatz von KI. Es diskutiert Datenschutz, Bias in KI-Modellen und die Verantwortung bei Fehlentscheidungen in verschiedenen Anwendungsbereichen, einschließlich autonomer Systeme und medizinischer Diagnostik, was für die Schnittstelle von KI und DSV hochrelevant ist.
- **Crawford, K. (2021). *Atlas of AI: Power, Politics, and the Planetary Costs of Artificial Intelligence*. Yale University Press.** Dieses kritische Werk untersucht die breiteren gesellschaftlichen Auswirkungen von KI, einschließlich Fragen der Privatsphäre, Diskriminierung und der Verteilung von Macht. Es bietet eine wichtige Perspektive auf die ethischen Herausforderungen, die sich aus dem massiven Einsatz von KI-DSV-Systemen ergeben.
- **O'Neil, C. (2016). *Weapons of Math Destruction: How Big Data Increases Inequality and Threatens Democracy*. Crown.** Dieses populärwissenschaftliche Buch beleuchtet eindringlich das Problem des Bias in Algorithmen und die Auswirkungen auf die Gesellschaft. Es zeigt anhand realer Beispiele, wie scheinbar neutrale KI-Modelle, die auf Daten trainiert werden, Diskriminierung verstärken können, was eine wichtige ethische Herausforderung für die Entwicklung von KI-DSV-Systemen darstellt.

7.9.1 Die Rolle von Quantencomputing für zukünftige, extrem rechenintensive KI- und DSV-Algorithmen (Ausblick)

Bisher haben wir über Computer gesprochen, die mit Bits arbeiten – die entweder 0 oder 1 sind. Das ist die Grundlage aller aktuellen KI- und DSV-Systeme. Doch Forscher blicken bereits in die Zukunft auf eine völlig neue Art des Rechnens: das ***Quantencomputing***. Stell dir vor, ein Quantencomputer kann nicht nur 0 oder 1 sein, sondern auch 0 und 1 gleichzeitig (das nennt man *Superposition*), oder er kann mit anderen Bits auf eine Weise verbunden sein, die man **Verschränkung** nennt. Das ist, als könnte ein Lichtschalter nicht nur an oder aus sein, sondern auch gleichzeitig an und aus, und mit anderen Schaltern magisch verbunden sein.

Diese besonderen Eigenschaften ermöglichen es Quantencomputern, theoretisch bestimmte Probleme zu lösen, die für klassische Computer selbst mit der größten Rechenleistung unmöglich wären. Für die Zukunft von KI und DSV bedeutet das, dass *extrem rechenintensive Algorithmen*, die heute noch undenkbar sind, möglicherweise gelöst werden könnten. Zum Beispiel könnten Quantenalgorithmen helfen, riesige neuronale Netze viel schneller zu trainieren oder noch komplexere Signale zu analysieren, die so viele Variablen haben, dass sie heute nicht mehr handhabbar sind. Man könnte damit vielleicht perfekte Modelle für Wetterphänomene erstellen oder noch präzisere Medikamente entwickeln, indem man Moleküle auf Quantenebene simuliert.

Allerdings ist das *Quantencomputing* derzeit noch in einem sehr frühen Stadium. Es ist wie das erste Flugzeug, das kaum abheben konnte. Es gibt viele technische Herausforderungen, um stabile Quantencomputer zu bauen, und die Algorithmen dafür sind noch in der Entwicklung. Es ist ein faszinierender Ausblick in eine ferne Zukunft, die das Potenzial hat, sowohl die KI als auch die DSV in Dimensionen zu heben, die wir heute kaum erfassen können. Es ist eine Vision von einer Super-Super-KI, die auf einer völlig neuen Art von Hardware läuft. Die Herausforderung ist hierbei die technische Machbarkeit, der Erfolg ist das Potenzial für unvorstellbare Fortschritte.

Literaturhinweise zu 7.10 Die Rolle von Quantencomputing für zukünftige, extrem rechenintensive KI- und DSV-Algorithmen

- **Wittek, P., & Zhang, S. (2019).** ***Quantum Machine Learning: What Quantum Computing Means for AI.*** **O'Reilly Media.** Dieses Buch gibt einen Einblick in die Schnittstelle von Quantencomputing und KI. Es diskutiert, wie Quantenalgorithmen potenziell extrem rechenintensive KI- und DSV-Algorithmen beschleunigen könnten und welche Rolle sie in der Zukunft der künstlichen Intelligenz spielen könnten.
- **Schuld, M., & Petruccione, F. (2018).** ***Supervised Learning with Quantum Computers.*** **Springer.** Dieses Buch konzentriert sich auf die Anwendung von

Quantencomputern für überwachtes Lernen, eine Kernkomponente der KI. Es legt die theoretischen Grundlagen dar, wie Quantenalgorithmen bestimmte Lernprobleme effizienter lösen könnten, was Implikationen für die Signalverarbeitung großer Datensätze hat.

- **Gyongyosi, L., & Imre, S. (2019). A Survey on Quantum Computing for Communication. *IEEE Communications Surveys & Tutorials, 21*(3), 2631–2679.** Obwohl spezifischer auf Kommunikation ausgerichtet, beleuchtet dieser Übersichtsartikel das Potenzial von Quantencomputing für zukünftige, rechenintensive DSV-Algorithmen in der Kommunikationstechnik. Es zeigt auf, wie Quantencomputer beispielsweise bei der Optimierung komplexer Netzwerke oder der Verarbeitung von Signalen mit beispielloser Geschwindigkeit helfen könnten.

7.9.2 Integration von physikalischem Wissen und Modellen in Deep-Learning-Architekturen (Physics-Informed Neural Networks)

Die meisten KI-Modelle, die wir bisher besprochen haben, sind *datengesteuert*. Das bedeutet, sie lernen ihre Muster ausschließlich aus den Daten, die sie sehen. Stell dir vor, du zeigst einer KI Tausende von Videos, wie Wasser in einem Fluss fließt, und sie lernt dann, Vorhersagen über den Wasserfluss zu machen. Das funktioniert oft gut, aber es kann Probleme geben: Wenn die KI plötzlich eine Situation sieht, die nicht in ihren Trainingsdaten war (z. B. ein völlig neues Flussbett), könnte sie versagen. Außerdem halten sich die Vorhersagen rein datengesteuerter KIs nicht immer an die grundlegenden physikalischen Gesetze. Das ist, als würde ein Kind nur durch Beobachtung lernen, wie ein Ball fliegt, ohne die Gesetze der Schwerkraft zu kennen – es könnte bei ungewöhnlichen Würfen versagen.

Hier kommt die Integration von physikalischem Wissen und Modellen in Deep-Learning-Architekturen ins Spiel, auch bekannt als *Physics-Informed Neural Networks (PINNs)*. Der Gedanke ist, die reine Lernfähigkeit der KI mit dem präzisen mathematischen Wissen der Physik (und damit auch der DSV, die oft physikalische Gesetze abbildet) zu verbinden. Stell dir vor, du gibst der KI nicht nur die Videos des Wasserflusses, sondern auch die mathematischen Gleichungen, die den Wasserfluss (wie die Gesetze der Fluiddynamik) beschreiben.

Die KI wird dann so trainiert, dass ihre Vorhersagen nicht nur zu den beobachteten Daten passen, sondern auch die vorgegebenen physikalischen Gesetze einhalten müssen. Das macht die Modelle viel *robuster*, *benötigt oft weniger Daten zum Training* (da ein Teil des Wissens bereits „eingebaut“ ist) und führt zu *physikalisch konsistenten Ergebnissen*. Wenn ein PINN den Wasserfluss vorhersagt, wird es nie Vorhersagen treffen, die gegen die Erhaltung der Masse oder Energie verstoßen. Diese Methode findet Anwendung in der *Wettervorhersage*, der *Materialwissenschaft* (Simulieren, wie Materialien auf Kräfte reagieren) oder der *Optimierung von Ingenieurprozessen*, wo präzise und physikalisch korrekte Vorhersagen entscheidend sind. Es ist ein Ansatz, der die Stärke der datengesteuerten KI mit der Verlässlichkeit modellgetriebener DSV-Prinzipien verbindet, um noch intelligentere und vertrauenswürdigere Systeme zu schaffen. Der Erfolg ist hier die Schaffung robuster und physikalisch korrekter KI-Modelle.

Literaturhinweise zu 7.11 Integration von physikalischem Wissen und Modellen in Deep-Learning-Architekturen (Physics-Informed Neural Networks)

- **Raissi, M., Perdikaris, P., & Karniadakis, G. E. (2019). Physics-informed neural networks: A deep learning framework for solving forward and inverse problems involving nonlinear partial differential equations. *Journal of Computational Physics, 378*, 686–707.** Dieses wegweisende Papier stellt Physics-Informed Neural Networks (PINNs) vor und erklärt, wie physikalisches Wissen und Modelle direkt in Deep-Learning-Architekturen integriert werden können. Es zeigt, wie PINNs komplexe Probleme der Fluiddynamik und Wärmeleitung lösen, was die Leistungsfähigkeit dieses hybriden Ansatzes belegt.
- **Karniadakis, G. E., et al. (2021). Physics-informed machine learning. *Nature Reviews Physics, 3*(6), 422–440.** Dieser Übersichtsartikel bietet einen umfassenden Überblick über den Bereich des Physics-Informed Machine Learning. Er diskutiert die Vorteile der Integration von physikalischem Wissen und Modellen in Deep-Learning-Architekturen und zeigt auf, wie dies zu robusteren, dateneffizienteren und physikalisch konsistenten KI-Modellen führt.
- **Meng, X., et al. (2020). Raissi, M., Perdikaris, P., and Karniadakis, G. E. Physics-informed neural networks: A deep learning framework for solving forward and inverse problems involving nonlinear partial differential equations. *Journal of Computational Physics, 378*, 686–707.** Diese Arbeit von den ursprünglichen Entwicklern der PINNs demonstriert die praktische Anwendung der Integration von physikalischem Wissen zur Lösung komplexer physikalischer Probleme mit neuronalen Netzen, was für die präzise Modellierung in der Ingenieurwissenschaft und Naturwissenschaft von großer Bedeutung ist.

8 Zusammenfassung und Ausblick – Die Zukunft ist integriert

8.1 Synthese: Die untrennbare und sich gegenseitig verstärkende Beziehung von KI und DSV

Wir haben in den vorherigen Teilen gesehen, dass die Digitale Signalverarbeitung und die Künstliche Intelligenz auf den ersten Blick wie zwei separate Fachgebiete erscheinen mögen. Die DSV konzentriert sich auf das präzise Messen, Verarbeiten und Manipulieren von Signalen, oft basierend auf mathematischen Modellen und mit dem Ziel, die Signalqualität zu optimieren oder bestimmte Informationen exakt zu extrahieren. Stell dir einen Tontechniker vor, der mithilfe von Filtern und Equalizern einen Song perfekt abmischt, damit jedes Instrument klar zu hören ist und der Klang optimal ist. Er weiß genau, welche Frequenzen er anpassen muss, um das gewünschte Ergebnis zu erzielen.

Die KI hingegen versucht, Systeme zu bauen, die lernen können, intelligent handeln und menschliche kognitive Fähigkeiten nachahmen. Ihr Fokus liegt auf dem Erkennen komplexer Muster in Daten, dem Treffen von Entscheidungen und dem Verstehen von Zusammenhängen, oft ohne dass dafür explizite Regeln programmiert werden müssen. Eine KI, die Gesichter in Bildern erkennt, lernt dies durch das Betrachten von Millionen von Beispielen und entwickelt dabei selbst ihre eigenen internen „Regeln".

Doch die wahre Stärke beider Bereiche entfaltet sich erst im *Zusammenspiel.* Die *Beziehung von KI und DSV ist untrennbar und verstärkend.* Stell dir ein Team vor, bei dem jeder Einzelne ein Experte in seinem Bereich ist, aber erst die Zusammenarbeit des Teams zu überragenden Ergebnissen führt. Die DSV liefert der KI die sauber aufbereiteten, relevanten und oft komprimierten Signaldaten, ohne die viele KI-Modelle gar nicht sinnvoll arbeiten könnten. Sie ist das Fundament, das die rohe, unstrukturierte Welt der Sensoren in eine verständliche Sprache für die KI übersetzt. Das ist wie ein Detektiv, der erst die chaotischen Spuren am Tatort sorgfältig sammelt und sortiert (DSV), bevor ein erfahrener Ermittler (KI) sie analysiert und den Täter überführt.

U. Karrenberg, *Das unzertrennliche Duo: Digitale Signalverarbeitung und Künstliche Intelligenz*, https://doi.org/10.1007/978-3-662-72296-1_8

Umgekehrt hat die KI die DSV revolutioniert. Früher, wenn du zum Beispiel einen Filter für ein Audiosignal entwerfen wolltest, musstest du als Ingenieur genau wissen, welche Frequenzen du entfernen möchtest, und den Filter mathematisch berechnen. Heute kann eine KI lernen, den *optimalen Filter* selbst zu entwerfen, indem sie Millionen von Beispielen von verrauschter und sauberer Sprache hört. Die KI macht die DSV *intelligent und adaptiv*, das heißt, die Signalverarbeitung kann sich dynamisch an verschiedene Situationen anpassen, ohne dass ein Mensch ständig neue Regeln programmieren muss.

Die Herausforderung ist, die Komplexität dieser Integration zu beherrschen, doch der Erfolg ist die Schaffung leistungsfähiger Systeme. Diese gegenseitige Verstärkung ist der Motor für viele der fortschrittlichsten Technologien in Bereichen wie der Spracherkennung, dem autonomen Fahren oder der medizinischen Diagnostik. Es ist kein Wettbewerb, sondern eine *Symbiose*, die die Leistungsfähigkeit beider Disziplinen enorm steigert.

Literaturhinweise zu 8.1 Synthese

- **Wang, W., Chen, L., & Hu, J. (2019).** ***Machine Learning for Signal Processing: Principles, Applications and Challenges*****. Springer.** Dieses Buch bietet eine umfassende Synthese der Beziehung zwischen Maschinellem Lernen und Signalverarbeitung. Es beleuchtet, wie KI-Techniken die traditionelle DSV erweitern und verbessern können, und wie DSV im Gegenzug als essenzielles Fundament für viele KI-Anwendungen dient, was die untrennbare Natur dieser Beziehung unterstreicht.
- **O'Shea, T. J., & Hoydis, J. (2017). An Introduction to Deep Learning for the Physical Layer.** ***IEEE Transactions on Cognitive Communications and Networking, 3*****(4), 563–575.** Dieser Übersichtsartikel ist ein prägnantes Beispiel für die sich gegenseitig verstärkende Beziehung von KI und DSV, insbesondere im Bereich der Kommunikationstechnik. Er zeigt, wie Deep Learning die physikalische Schicht der Signalübertragung revolutioniert und wie die DSV gleichzeitig die notwendigen Grundlagen für diese KI-Anwendungen bereitstellt.
- **Goodfellow, I., Bengio, Y., & Courville, A. (2016).** ***Deep Learning*****. MIT Press.** Obwohl es primär um Deep Learning geht, verdeutlicht dieses Werk durch die Vielzahl der behandelten Anwendungsfälle (z. B. Computer Vision, Spracherkennung) implizit die untrennbare Abhängigkeit moderner KI von gut aufbereiteten Daten. Dies impliziert die Notwendigkeit von DSV-Techniken in der Datenpipeline, was die symbiotische Beziehung bekräftigt.

8.2 Schlüsselkompetenzen für Ingenieure und Wissenschaftler an der Schnittstelle

Wenn du jetzt denkst, das klingt alles super spannend und du möchtest vielleicht selbst mal in diesem Bereich arbeiten, fragst du dich bestimmt: „Was muss ich dafür können?" Die Entwicklung von Systemen an der Schnittstelle von KI und DSV erfordert heute *Schlüsselkompetenzen*, die über ein einzelnes Fachgebiet hinausgehen.

Zunächst ist ein *fundiertes Verständnis der mathematischen Grundlagen der DSV* unerlässlich. Dazu gehört das Wissen über Signale, Frequenzen, Filter und Transformationen. Auch wenn KI-Modelle viele Dinge selbst lernen, müssen Ingenieure und Wissenschaftler immer noch verstehen, wie Signale physikalisch funktionieren und welche Methoden zur effizienten und präzisen Verarbeitung von Audios, Bildern oder Sensordaten angewendet werden können. Das ist wie das Verstehen der Anatomie eines Instruments, bevor man lernt, es virtuos zu spielen.

Gleichzeitig ist ein tiefes Verständnis der *Prinzipien des Maschinellen Lernens und des Deep Learning* von entscheidender Bedeutung. Dazu gehören Kenntnisse über neuronale Netze, ihre Architekturen, Trainingsmethoden, aber auch das Verständnis, wie man Daten vorbereitet, Modelle evaluiert und mit Herausforderungen wie Overfitting oder Datenbias umgeht. Es geht darum, nicht nur Algorithmen anwenden zu können, sondern auch zu verstehen, warum sie funktionieren und wie man sie für spezifische Probleme optimiert.

Darüber hinaus sind *Fähigkeiten im Bereich der Programmierung* (oft in Sprachen wie Python) und der *Umgang mit großen Datenmengen* (Datenmanagement und -analyse) extrem wichtig. Die Fähigkeit, beide Welten – die präzise, modellgetriebene DSV und die datengesteuerte, adaptive KI – zu verbinden, wird zur absoluten *Schlüsselkompetenz.* Du musst sowohl in der Lage sein, einen effizienten Filter für ein Signal zu entwerfen, als auch ein neuronales Netz zu trainieren, das dieses Signal intelligent interpretiert. Es ist wie die Fähigkeit, sowohl die Partitur eines Liedes zu lesen als auch die Improvisation zu beherrschen. Die Herausforderung liegt im Erwerb dieses breiten Wissens, der Erfolg in der Fähigkeit, innovative Systeme zu entwickeln. Die Zukunft gehört denjenigen, die Brücken zwischen diesen Disziplinen schlagen können und sowohl die „Physik" der Signale als auch die „Intelligenz" der Algorithmen verstehen.

Literaturhinweise zu 8.2 Schlüsselkompetenzen für Ingenieure und Wissenschaftler an der Schnittstelle

- **Goodfellow, I., Bengio, Y., & Courville, A. (2016). *Deep Learning*. MIT Press.** Dieses Standardwerk für Deep Learning ist unerlässlich für jeden, der Schlüsselkompetenzen im Bereich des Maschinellen Lernens erwerben möchte. Es vermittelt das notwendige Verständnis für neuronale Netze, ihre Architekturen und Trainingsmethoden, die für die Integration mit DSV-Systemen entscheidend sind.

- **Oppenheim, A. V., & Schafer, R. W. (1999). *Discrete-Time Signal Processing* (2nd ed.). Prentice Hall.** Für ein fundiertes Verständnis der mathematischen Grundlagen der DSV ist dieses Lehrbuch nach wie vor eine Referenz. Es vermittelt das Wissen über Signale, Filter und Transformationen, das als Basis für die Interaktion mit KI-Modellen dient und eine Schlüsselkompetenz für die Schnittstelle darstellt.
- **Russell, S. J., & Norvig, P. (2020). *Artificial Intelligence: A Modern Approach* (4th ed.). Pearson.** Dieses umfassende KI-Lehrbuch vermittelt ein breites Verständnis der Prinzipien der Künstlichen Intelligenz, von Problemlösung bis zu maschinellem Lernen. Es ist essenziell, um die größeren Ziele und Methoden der KI zu verstehen, die dann mit den präzisen DSV-Techniken kombiniert werden.
- **VanderPlas, J. (2016). *Python Data Science Handbook: Essential Tools for Working with Data*. O'Reilly Media.** Dieses Buch ist eine praktische Anleitung für Programmierfähigkeiten in Python und den Umgang mit großen Datenmengen. Diese sind heute unerlässliche Werkzeuge für Ingenieure und Wissenschaftler, die an der Schnittstelle von KI und DSV arbeiten, um Algorithmen zu implementieren und Daten zu analysieren.

8.3 Der Weg zu noch intelligenteren, signalbasierten Systemen: Interdisziplinarität als Motor des Fortschritts

Der Weg zu wirklich intelligenten, signalbasierten Systemen, die unser Leben in vielen Bereichen verbessern werden, führt nur über eine immer stärkere *Interdisziplinarität*. Stell dir vor, du möchtest ein perfektes autonomes Fahrzeug bauen. Das erfordert nicht nur Experten für Bild- und Radarsignalverarbeitung (DSV), sondern auch Spezialisten für neuronale Netze (KI), für Regelungstechnik, für Materialwissenschaften (die Sensoren), für Ethik und Recht.

Die großen Durchbrüche in der Zukunft werden nicht mehr nur innerhalb einer einzelnen Disziplin erzielt werden, sondern an den *Schnittstellen und im Zusammenspiel verschiedener Fachgebiete*. Wenn Ingenieure der Digitalen Signalverarbeitung lernen, die Stärken des maschinellen Lernens zu nutzen, um ihre Algorithmen adaptiver zu gestalten, und wenn KI-Entwickler die mathematische Präzision und das Domänenwissen der DSV integrieren, um ihre Modelle robuster und verlässlicher zu machen, dann entsteht ein mächtiger Synergieeffekt.

Ein Beispiel ist die Entwicklung von *Physics-Informed Neural Networks (PINNs)*, die wir bereits kennengelernt haben. Das ist ein perfektes Beispiel für Interdisziplinarität:

Hier verschmelzen das tiefe physikalische Wissen (traditionell in DSV und Ingenieurwissenschaften verankert) mit den datengesteuerten Lernfähigkeiten der neuronalen Netze. Dadurch entstehen Modelle, die nicht nur aus Daten lernen, sondern auch grundlegende Naturgesetze respektieren, was sie in kritischen Anwendungen (z. B. Wettervorhersage oder Materialsimulation) viel vertrauenswürdiger macht. Die Herausforderung liegt darin, diese Brücken zu bauen, doch der Erfolg ist die Beschleunigung des Fortschritts. Die Zukunft der KI-DSV-Integration liegt darin, die Grenzen zwischen den Disziplinen weiter aufzubrechen und gemeinsam an komplexen Problemen zu arbeiten, die kein einzelnes Feld allein lösen könnte. Es ist die Erkenntnis, dass die Gesamtheit mehr ist als die Summe ihrer Teile.

Literaturhinweise zu 8.3 Der Weg zu noch intelligenteren, signalbasierten Systemen

- **Jordan, M. I. (2019). Artificial Intelligence – The Revolution Hasn't Happened Yet. *Harvard Data Science Review, 1*(1).** Dieser Artikel argumentiert überzeugend, dass die eigentliche Revolution in der KI erst durch eine tiefere *Integration interdisziplinärer Ansätze erfolgen wird. Er betont die Notwend*igkeit, Mathematik, Statistik, Informatik und Ingenieurwissenschaften (einschließlich DSV) zu verschmelzen, um zu noch intelligenteren, signalbasierten Systemen zu gelangen.
- **Karniadakis, G. E., et al. (2021). Physics-informed machine learning. *Nature Reviews Physics, 3*(6), 422–440.** Dieser Übersichtsartikel beleuchtet die Integration von physikalischem Wissen und Modellen in Deep-Learning-Architekturen (PINNs). Es ist ein herausragendes Beispiel für Interdisziplinarität als Motor des Fortschritts, da es zeigt, wie das Zusammenspiel von Physik und maschinellem Lernen zu robusteren und physikalisch konsistenten KI-Modellen führt.
- **LeCun, Y., Bengio, Y., & Hinton, G. (2015). Deep learning. *Nature, 521*(7553), 436–444.** Obwohl es primär um Deep Learning geht, zeigt dieser einflussreiche Artikel durch die Vielfalt der Anwendungen (Sprache, Bild, Sensorik) die Notwendigkeit der Interdisziplinarität. Die erfolgreiche Anwendung von Deep Learning in diesen Bereichen basiert oft auf der Vorverarbeitung und dem Verständnis der Signale, was eine Brücke zur DSV schlägt und den Weg zu integrierten Systemen ebnet.

8.4 Abschließende Gedanken und Aufruf zu weiterer Forschung und Entwicklung

Unsere Reise durch die fundamentalen Grundlagen der Künstlichen Intelligenz, ihre Abgrenzung zur Digitalen Signalverarbeitung und die faszinierende Synergie dieser beiden Felder nähert sich dem Ende. Wir haben gesehen, dass KI und DSV keine voneinander isolierten Disziplinen sind, sondern mächtige Partner, die sich gegenseitig stärken und zu bahnbrechenden Innovationen führen. Von der Reinigung eines verrauschten Audiosignals bis zur Steuerung eines autonomen Fahrzeugs – die *Zukunft ist integriert*, und die leistungsfähigsten Systeme entstehen dort, wo die Stärken beider Bereiche geschickt kombiniert werden.

Doch unsere Reise endet hier nicht wirklich, denn die Forschung und Entwicklung an dieser Schnittstelle ist in vollem Gange. Es gibt weiterhin große Herausforderungen zu bewältigen: Wir müssen KI-Modelle noch transparenter und erklärbarer machen, besonders in Bereichen, wo Fehlentscheidungen schwerwiegende Folgen haben könnten. Die Robustheit und Zuverlässigkeit von KI-DSV-Systemen muss weiter verbessert werden, damit sie auch unter unerwarteten Bedingungen sicher funktionieren. Wir müssen Wege finden, wie KI mit weniger Daten lernen kann, um auch in spezialisierten Anwendungen, wo Daten rar sind, effektiv zu sein. Und die Entwicklung von effizienter Hardware und Algorithmen für Edge AI wird immer wichtiger, damit intelligente Systeme direkt auf kleinen Geräten laufen können, ohne ständig eine Verbindung zur Cloud zu benötigen.

Dieser ständige Fortschritt erfordert einen *kontinuierlichen Aufruf zu weiterer Forschung und Entwicklung*. Es braucht neugierige Köpfe, die bereit sind, über die Grenzen ihrer eigenen Disziplin hinauszublicken und sich mit neuen Ideen auseinanderzusetzen. Die Welt von morgen wird noch stärker von intelligenten, signalbasierten Systemen geprägt sein. Es ist eine spannende Zeit, in der das Verständnis und die Gestaltung dieser Technologien eine immer wichtigere Rolle spielen werden. Vielleicht wirst ja du selbst eines Tages Teil dieser faszinierenden Entwicklung und hilfst dabei, die nächste Generation integrierter KI-DSV-Systeme zu gestalten! Die Möglichkeiten sind grenzenlos, wenn wir bereit sind, diese „Power-Duos" voll auszuschöpfen.

Literaturhinweise zu 8.4 Abschließende Gedanken und Aufruf zu weiterer Forschung und Entwicklung

- **Jordan, M. I. (2019). Artificial Intelligence – The Revolution Hasn't Happened Yet.** ***Harvard Data Science Review, 1*****(1).** Dieser Artikel dient als hervorragender Abschluss und Ausblick. Er ruft zu einer tieferen Integration von Disziplinen auf und betont, dass die wahre KI-Revolution noch bevorsteht, wenn wir die Grundlagen besser verstehen und interdisziplinär weiterforschen.
- **Karniadakis, G. E., et al. (2021). Physics-informed machine learning.** ***Nature Reviews Physics, 3*****(6), 422–440.** Diese Publikation fasst die Integration von physikalischem Wissen in KI zusammen und unterstreicht die Notwendigkeit, über rein datengesteuerte Ansätze hinauszugehen. Sie ist ein starker Aufruf zu weiterer Forschung an der Schnittstelle von Physik (und damit DSV) und Deep Learning.

- **Royal Society. (2019).** ***Portraits of Progress: Deep Learning at the Royal Society*****. The Royal Society.** Diese Veröffentlichung bietet einen Einblick in aktuelle Spitzenforschung im Deep Learning und dessen Auswirkungen. Sie veranschaulicht die kontinuierliche Entwicklung des Feldes und die verbleibenden Herausforderungen (wie Robustheit und Erklärbarkeit), die weiterhin intensive Forschung erfordern, was die Notwendigkeit des Aufrufs zu weiterer Forschung verdeutlicht.
- **Deng, L., & Yu, D. (2014). Deep Learning: Methods and Applications.** ***Foundations and Trends in Signal Processing, 7*****(3–4), 197–387.** Dieses umfassende Werk, obwohl schon einige Jahre alt, zeigt die rasanten Fortschritte und die Bandbreite der Anwendungen von Deep Learning. Es dient als Referenz für die kontinuierliche Entwicklung und die Notwendigkeit, die Forschung voranzutreiben, um die Grenzen der KI in der Signalverarbeitung immer weiter zu verschieben.

Anhang

Der Hauptteil dieses Dokuments hat dir einen umfassenden Einblick in die faszinierende und untrennbare Verbindung zwischen Künstlicher Intelligenz und Digitaler Signalverarbeitung gegeben. Doch wie bei jeder spannenden Reise gibt es immer noch mehr zu entdecken, zu vertiefen und selbst auszuprobieren. Dieser Anhang ist genau dafür gedacht: Er bietet dir zusätzliche Ressourcen und Anregungen, wenn du tiefer in die Materie eintauchen oder die Konzepte selbst anwenden möchtest. Sie sind wie ein Werkzeugkasten und eine Schatzkarte für alle, die über das reine Verständnis hinausgehen wollen.

Mathematische Vertiefungen zu ausgewählten Konzepten

Manchmal hilft es, einen Blick auf die mathematischen Formeln zu werfen, um ein tieferes Verständnis dafür zu bekommen, wie etwas genau funktioniert. Auch wenn wir im Hauptteil versucht haben, die Konzepte anschaulich ohne Formeln zu erklären, sind sie das Rückgrat der Digitalen Signalverarbeitung und vieler KI-Algorithmen. Hier sind ein paar Beispiele, wo du die Mathematik vertiefen könntest:

- **Das Nyquist-Shannon-Abtasttheorem**: Die einfache Regel, dass die Abtastrate mindestens doppelt so hoch sein muss wie die höchste Frequenz im Signal, lässt sich präzise mathematisch formulieren. Wenn du die Formel für die Fouriertransformation siehst, wird dir klar, warum diese Regel so fundamental ist. Es geht darum, dass die Informationen des Signals im Frequenzbereich bei der Digitalisierung nicht „übereinandergeklappt" werden.
- **Faltung**: Wir haben die Faltung als die Operation beschrieben, die zeigt, wie ein System auf ein Signal reagiert, wenn man seine Impulsantwort kennt. Die mathematische Definition der Faltung ist eine Summe von Produkten, die genau diese „Überlagerung"

U. Karrenberg, *Das unzertrennliche Duo: Digitale Signalverarbeitung und Künstliche Intelligenz*, https://doi.org/10.1007/978-3-662-72296-1

von Impulsantworten abbildet. Wenn du diese Summe einmal selbst durchrechnest, verstehst du die Präzision, mit der DSV-Algorithmen arbeiten.

- **Grundlagen neuronaler Netze (Perzeptron)**: Selbst die scheinbar einfache Funktion eines Perzeptrons lässt sich mit einer mathematischen Gleichung darstellen, die gewichtete Summen und Aktivierungsfunktionen beinhaltet. Wenn du siehst, wie die Gewichte angepasst werden, um einen Fehler zu minimieren, wird dir der Lernprozess greifbarer.
- **Fehlerfunktionen im Maschinellen Lernen**: Beim Training von KI-Modellen versuchen wir immer, einen Fehler zu minimieren. Dieser Fehler wird durch eine mathematische Funktion (die sogenannte Verlustfunktion) beschrieben. Die verschiedenen Optimierer, die wir besprochen haben, nutzen dann mathematische Methoden wie den Gradientenabstieg, um den „tiefsten Punkt“ dieser Fehlerfunktion zu finden. Das Verständnis dieser Funktionen zeigt dir, wie KI „lernt“sich selbst zu korrigieren.

Wenn du in die Mathematik eintauchst, wirst du erkennen, dass sie nicht nur trocken, sondern auch elegant sein kann und das Fundament für all diese spannenden Technologien bildet. Die Bücher in den Literaturhinweisen bieten dafür exzellente Ansätze und Erklärungen.

Glossar der wichtigsten Fachbegriffe (DSV und KI)

Die Welt der KI und DSV ist reich an Fachbegriffen. Auch wenn wir versucht haben, alles anschaulich zu erklären, ist es hilfreich, eine schnelle Referenz zu haben. Hier ist eine kleine Auswahl der wichtigsten Begriffe, die du dir merken solltest:

- **Abtasttheorem (Nyquist-Shannon)**: Beschreibt, wie oft ein analoges Signal abgetastet werden muss, um es digital perfekt wiederherzustellen.
- **Aliasing**: Unerwünschter Effekt, wenn das Abtasttheorem nicht eingehalten wird und hohe Frequenzen fälschlicherweise als niedrigere erscheinen.
- **Backpropagation**: Der zentrale Algorithmus, der es neuronalen Netzen ermöglicht, aus Fehlern zu lernen und ihre Gewichte anzupassen.
- **Batch Normalization**: Eine Technik beim Trainieren neuronaler Netze, die das Training stabiler und schneller macht, indem sie die Eingaben zu den Schichten normalisiert.
- **Beamforming**: Das gezielte Bündeln von Funksignalen durch intelligente Antennensysteme.
- **Deep Learning**: Eine spezielle Form des Maschinellen Lernens, die tiefe neuronale Netze verwendet, um komplexe Muster zu lernen.
- **DFT/FFT**: Diskrete Fourier-Transformation (DFT) zerlegt digitale Signale in Frequenzen; FFT ist eine schnelle Methode zur Berechnung der DFT.

- **DSV (Digitale Signalverarbeitung)**: Die Bearbeitung von digitalen Signalen zur Verbesserung, Analyse, Filterung oder Kompression.
- **Edge AI**: KI, die direkt auf Endgeräten (z. B. Smartphones, Sensoren) läuft, nicht in der Cloud.
- **Feature Engineering**: Der Prozess, relevante Merkmale aus Rohdaten zu extrahieren oder zu erstellen, um sie für KI-Modelle nutzbar zu machen.
- **Faltung (Convolution)**: Eine mathematische Operation, die die Reaktion eines Systems auf ein Signal beschreibt; auch der Kern von CNNs.
- **GANs (Generative Adversarial Networks)**: Eine Art neuronales Netz, das neue, realistische Daten erzeugen kann (z. B. Bilder, Audio).
- **Heuristik**: Eine Faustregel oder Schätzung, die einer Suchstrategie hilft, den besten Weg zu finden.
- **HMM (Hidden Markov Model)**: Ein statistisches Modell, das früher oft in der Spracherkennung verwendet wurde, um Sequenzen zu modellieren.
- **IIR-Filter**: Digitale Filter mit unendlicher Impulsantwort, oft energieeffizient.
- **KI (Künstliche Intelligenz)**: Das Gebiet der Informatik, das sich mit der Schaffung von Maschinen befasst, die menschliche Intelligenz nachahmen können.
- **Konnektionismus**: Eine Denkschule der KI, die auf neuronalen Netzen und dem Lernen aus Daten basiert.
- **LMS-Algorithmus**: Ein einfacher Algorithmus für adaptive Filter, der sich durch Minimierung des Fehlers anpasst.
- **LSTM/GRU**: Spezialisierte Recurrent Neural Networks (RNNs) mit „Gedächtnis“ für lange sequentielle Daten.
- **Maschinelles Lernen (ML)**: Ein Teilgebiet der KI, bei dem Computer aus Daten lernen, anstatt explizit programmiert zu werden.
- **MFCCs (Mel-Frequency Cepstral Coefficients)**: Wichtige Frequenzbereichsmerkmale, die aus Audiosignalen extrahiert werden, besonders für Sprache.
- **Neuronale Netze**: Von der Biologie inspirierte Modelle in der KI, die aus verbundenen Schichten von Neuronen bestehen und lernen können.
- **Overfitting**: Wenn ein KI-Modell die Trainingsdaten zu gut lernt und auf neuen Daten schlecht abschneidet.
- **Perzeptron**: Eines der ersten künstlichen Neuronenmodelle.
- **Physics-Informed Neural Networks (PINNs)**: KI-Modelle, die physikalisches Wissen und Gleichungen in ihren Lernprozess integrieren.
- **Q-Learning/SARSA**: Algorithmen des Bestärkenden Lernens, bei denen ein Agent durch Belohnung in einer Umgebung lernt.
- **Quantencomputing**: Eine zukünftige Computertechnologie, die Quantenphänomene für Berechnungen nutzt.
- **Regression**: Eine Art des überwachten Lernens zur Vorhersage kontinuierlicher numerischer Werte.

- **Regularisierung (Dropout, L1/L2)**: Techniken, um Overfitting in KI-Modellen zu verhindern.
- **Reinforcement Learning (RL)**: Eine Art des Maschinellen Lernens, bei der ein Agent durch Interaktion mit einer Umgebung und Belohnungen lernt.
- **Robustheit (KI)**: Die Fähigkeit eines KI-Modells, auch unter variierenden oder gestörten Bedingungen zuverlässig zu funktionieren.
- **Segmentierung/Fensterung**: DSV-Techniken zur Unterteilung langer Signale in kleinere, handhabbare Abschnitte.
- **Signalidentifikation**: Das Erkennen der genauen Art eines Funksignals.
- **Standardisierung/Normalisierung**: DSV-Techniken zur Skalierung von Signalmerkmalen für das KI-Training.
- **Stochastisches Signal**: Ein Signal, das zufällige oder unvorhersehbare Anteile enthält.
- **Suchraum**: Alle möglichen Lösungen oder Zustände eines Problems, die ein KI-System erkunden kann.
- **Super-Resolution**: KI-Technik, die die Auflösung von Bildern oder Videos erhöht und Details rekonstruiert.
- **Supervised Learning (Überwachtes Lernen)**: Maschinelles Lernen mit gelabelten Daten (Eingabe-Ausgabe-Paare).
- **Symbolische KI**: Eine Denkschule der KI, die auf der Manipulation von Symbolen und expliziten Regeln basiert.
- **Transformer-Modelle**: Moderne neuronale Netzarchitekturen mit „Attention"-Mechanismus, revolutionär für Sprachverarbeitung.
- **Turing-Test**: Ein Test, um zu beurteilen, ob eine Maschine menschenähnliche Intelligenz zeigt.
- **Underfitting**: Wenn ein KI-Modell die Trainingsdaten nicht ausreichend lernt und daher schlecht abschneidet.
- **Unsupervised Learning (Unüberwachtes Lernen)**: Maschinelles Lernen ohne gelabelte Daten, um Muster zu finden.
- **Wavelet-Transformation**: Eine Transformation, die Signale sowohl im Zeit- als auch im Frequenzbereich analysiert.
- **XAI (Explainable AI)**: Forschungsfeld, das sich mit der Erklärbarkeit und Nachvollziehbarkeit von KI-Entscheidungen befasst.
- **Z-Transformation**: Eine mathematische Transformation für diskrete Signale, die das Systemverhalten im Z-Bereich beschreibt.

Kommentierte Liste weiterführender Literatur (Bücher, Fachartikel, Konferenzen)

Die Literaturhinweise am Ende jedes Abschnitts sind nur ein Ausgangspunkt. Wenn du dich wirklich vertiefen möchtest, sind hier einige allgemeine Empfehlungen, die in der akademischen Welt hoch angesehen sind und einen breiten Überblick bieten:

Bücher

- **Russell, S. J., & Norvig, P. (2020).** ***Artificial Intelligence: A Modern Approach*** **(4th ed.). Pearson.** Dieses Buch wird oft als „das KI-Buch" bezeichnet. Es ist extrem umfassend und deckt alle Bereiche der klassischen und modernen KI ab. Es ist anspruchsvoll, aber unverzichtbar, wenn du ein tiefes Verständnis entwickeln möchtest.
- **Goodfellow, I., Bengio, Y., & Courville, A. (2016).** ***Deep Learning*****. MIT Press.** Wenn du dich speziell für neuronale Netze und Deep Learning interessierst, ist dies die Referenz. Es ist von drei der führenden Köpfe des Feldes geschrieben und bietet sowohl theoretische Grundlagen als auch praktische Einblicke.
- **Oppenheim, A. V., & Schafer, R. W. (1999).** ***Discrete-Time Signal Processing*** **(2nd ed.). Prentice Hall.** Für die Grundlagen der Digitalen Signalverarbeitung gibt es kaum ein besseres Buch. Es ist ein Klassiker und erklärt die Konzepte mathematisch präzise und umfassend.
- **Bishop, C. M. (2006).** ***Pattern Recognition and Machine Learning*****. Springer.** Dieses Buch bietet eine hervorragende Einführung in das Maschinelle Lernen aus einer statistischen Perspektive. Es ist weniger auf neuronale Netze spezialisiert als Goodfellow, aber dafür breiter gefächert in den klassischen ML-Algorithmen.

Fachartikel und Konferenzen: Um auf dem neuesten Stand zu bleiben, sind Fachartikel und die Proceedings großer Konferenzen unerlässlich. Du kannst viele davon online finden.

- **NeurIPS (Neural Information Processing Systems)**: Eine der wichtigsten Konferenzen für Maschinelles Lernen und neuronale Netze. Hier werden oft bahnbrechende neue Algorithmen und Modelle vorgestellt.
- **ICLR (International Conference on Learning Representations)**: Fokussiert sich ebenfalls stark auf Deep Learning und Repräsentationslernen.
- **ICASSP (IEEE International Conference on Acoustics, Speech and Signal Processing)**: Die größte Konferenz für Signalverarbeitung. Hier findest du viele Arbeiten an der Schnittstelle von DSV und KI, insbesondere im Audio- und Sprachbereich.
- **CVPR (IEEE/CVF Conference on Computer Vision and Pattern Recognition)**: Eine führende Konferenz im Computer Vision. Hier werden die neuesten Fortschritte in der Bild- und Videoanalyse vorgestellt, oft mit Deep Learning.

- **IEEE Transactions on Signal Processing / IEEE Transactions on Neural Networks and Learning Systems**: Führende Fachzeitschriften, die aktuelle Forschungsergebnisse in DSV und KI publizieren.

Wichtige Software-Frameworks, Bibliotheken und Werkzeuge

Theorie ist wichtig, aber das wahre Verständnis kommt oft erst durch die praktische Anwendung. Zum Glück gibt es viele großartige *Software-Frameworks, Bibliotheken und Werkzeuge*, die dir den Einstieg in die KI und DSV erleichtern:

- **Python mit SciPy, NumPy, Pandas, Scikit-learn, TensorFlow, PyTorch**: Python ist die Programmiersprache der Wahl für KI und DSV.
  - **NumPy** ist eine Bibliothek für numerische Berechnungen mit Arrays und Matrizen, was für Signalverarbeitung und neuronale Netze unerlässlich ist.
  - **SciPy** baut auf NumPy auf und bietet viele wissenschaftliche Funktionen, darunter auch Module für die Signalverarbeitung (z. B. Filterentwurf).
  - **Pandas** ist großartig für die Datenanalyse und den Umgang mit strukturierten Daten (Tabellen), die du oft für ML-Aufgaben benötigst.
  - **Scikit-learn** ist eine exzellente Bibliothek für klassisches Maschinelles Lernen. Hier findest du Implementierungen vieler Algorithmen wie k-NN, SVMs, Entscheidungsbäume und Clustering.
  - **TensorFlow** und **PyTorch** sind die dominierenden Deep-Learning-Frameworks. Mit ihnen kannst du komplexe neuronale Netze bauen, trainieren und einsetzen. Sie sind die Werkzeuge, die hinter den meisten modernen KI-Anwendungen stecken.
- **MATLAB**: Eine weitere sehr mächtige Software-Umgebung, die besonders in der Signalverarbeitung und Regelungstechnik weit verbreitet ist. MATLAB bietet viele Funktionen und Toolboxes speziell für DSV und immer mehr auch für KI. Es ist eine gute Wahl, wenn du schnell Prototypen entwickeln und mathematische Konzepte umsetzen möchtest.
- **Spezialisierte DSV-Tools**: Es gibt auch spezielle Software für die Signalverarbeitung, die oft für bestimmte Hardware oder Anwendungen optimiert ist. Beispiele sind LabVIEW, DASYLab oder bestimmte EDA-Tools für Chip-Design, die sehr tief in die physikalische Signalverarbeitung eintauchen.

Der beste Weg zu lernen ist, selbst zu experimentieren. Lade dir Python herunter, installiere diese Bibliotheken und probiere einfache Beispiele aus! Es gibt unzählige Online-Tutorials und Kurse, die dir den Einstieg erleichtern.

Übungsaufgaben, Fallbeispiele zum Selbststudium oder Diskussionsfragen

Um dein Verständnis zu vertiefen und das Gelernte zu festigen, sind hier ein paar Anregungen zum **Selbststudium** oder für **Diskussionsfragen**:

Übungsaufgaben/Fallbeispiele

1. **EKG-Rauschunterdrückung**: Stell dir vor, du hast ein verrauschtes EKG-Signal. Beschreibe, welche DSV-Techniken (z. B. Filterung, Mittelung) du anwenden würdest, um das Rauschen zu reduzieren, bevor du es einer KI zur Arrhythmie-Detektion zuführst. Welche Merkmale würdest du der KI aus dem gereinigten Signal zur Verfügung stellen?
2. **Sprachbefehle im Auto**: Eine KI soll lernen, Sprachbefehle in einem fahrenden Auto zu verstehen. Welche DSV-Herausforderungen gibt es dabei (z. B. Hintergrundgeräusche, Störgeräusche vom Motor)? Wie könnten KI-Modelle diese Herausforderungen überwinden und die Spracherkennung robuster machen?
3. **Fehlererkennung in der Produktion**: Du hast eine Kamera, die Bilder von Schrauben auf einem Fließband macht, um fehlerhafte Schrauben zu finden. Welche Art von DSV-Vorverarbeitung (z. B. Rauschunterdrückung, Kontrastanpassung) könnte für die Bilder nützlich sein? Welches KI-Modell (z. B. CNN) würdest du wählen, um Fehler auf den Schrauben zu erkennen, und warum?
4. **Musik-Genre-Klassifikation**: Wenn du ein Audiosignal hast, das Musik enthält, welche Frequenzbereichsmerkmale (DSV) könnten für eine KI nützlich sein, um das Musik-Genre zu klassifizieren? Erkläre, wie die KI aus diesen Merkmalen lernen könnte, Genres zu unterscheiden.

Diskussionsfragen

1. In welchen weiteren Alltagsanwendungen siehst du die Synergie von KI und DSV, die wir in diesem Dokument vielleicht nicht explizit genannt haben? Begründe deine Antwort.
2. Angesichts der „Black-Box"-Natur vieler KI-Modelle: Welche Rolle sollte XAI (Erklärbare KI) deiner Meinung nach bei der Entwicklung von KI-DSV-Systemen spielen, insbesondere in Bereichen, wo Fehlentscheidungen schwerwiegende Folgen haben könnten?
3. Wie könnte das Problem des „Few-Shot Learning" in einem Bereich wie der Satellitenbildanalyse (z. B. Erkennung seltener Pflanzenkrankheiten aus dem Weltraum) gelöst werden, wo nur sehr wenige gelabelte Daten verfügbar sind?
4. Stell dir vor, du bist Teil eines Teams, das ein intelligentes System für eine Smart City entwickeln soll (z. B. zur Verkehrssteuerung). Welche Daten würdet ihr sammeln, und wie würden KI und DSV zusammenarbeiten, um diese Daten zu verarbeiten und Entscheidungen zu treffen?

Das Beantworten dieser Fragen wird dir helfen, die Konzepte nicht nur zu verstehen, sondern auch kritisch darüber nachzudenken und sie auf neue Situationen anzuwenden. Viel Erfolg auf deiner weiteren Entdeckungsreise in die Welt von KI und DSV!

MIX
Papier aus verantwortungsvollen Quellen
Paper from responsible sources
FSC® C105338

If you have any concerns about our products, you can contact us on
ProductSafety@springernature.com

In case Publisher is established outside the EU, the EU authorized representative is:
Springer Nature Customer Service Center GmbH
Europaplatz 3, 69115 Heidelberg, Germany

Printed by Libri Plureos GmbH
in Hamburg, Germany